工匠精神——匠心筑梦 技能报国

主　编　赵金国　杨　斌　龙　斌

副主编　王　斌　张　涛　李　婧

李云艳　田宝芝　陈纪江

薛善帅

参　编　姜明克　王友全　刘兆莹

薛克蕾　张国太　薛金涛

米宁宁　王　芸　高文英

尹雯雯　李恒云　惠春红

北京理工大学出版社

BEIJING INSTITUTE OF TECHNOLOGY PRESS

内容简介

职业院校是培育工匠精神的主阵地，职校学子是传承和践行工匠精神的中坚力量。本书编者供职的临沂市信息工程学校高度重视劳模和工匠精神的培育工作，从整体规划、具体实施，到校园文化建设、学生养成教育、专业教学、实习实训、校企合作、社会实践、非遗传承等方面，都进行了系统设计。将弘扬劳模精神、培育工匠精神贯穿于人才培养的全过程，把对学生劳动精神的培养真正落到实处，收到了较好的效果，形成了人才培养的鲜明特色。2018 年 5 月份，学校在山东省职业院校劳模和工匠精神培育经验交流会做了典型经验介绍。本书以此为契机，从六个专题（工匠精神 薪火相传、爱岗敬业 持之以恒、专心致志 苦练本领、精益求精 做到极致、创新进取 追求超越、匠心筑梦 技能报国）共 29 个学习情境进行编写，以求加强学生对工匠精神的认识与能力的培养。

图书在版编目（CIP）数据

工匠精神 ： 匠心筑梦 技能报国 / 赵金国，杨斌，龙斌主编 . -- 北京 ： 北京理工大学出版社，2024.4

ISBN 978-7-5763-3858-4

Ⅰ . ①工… Ⅱ . ①赵… ②杨… ③龙… Ⅲ . ①职业道德－中国－高等职业教育－教材 Ⅳ . ① B822.9-49

中国国家版本馆 CIP 数据核字（2024）第 083127 号

责任编辑：王梦春　　文案编辑：芈　岚
责任校对：刘亚男　　责任印制：施胜娟

出版发行 / 北京理工大学出版社有限责任公司
社　　址 / 北京市丰台区四合庄路 6 号
邮　　编 / 100070
电　　话 / （010）68914026（教材售后服务热线）
　　　　　（010）68944437（课件资源服务热线）
网　　址 / http：//www.bitpress.com.cn

版 印 次 / 2024 年 4 月第 1 版第 1 次印刷
印　　刷 / 定州启航印刷有限公司
开　　本 / 889 mm × 1194 mm　1/16
印　　张 / 9.5
字　　数 / 157 千字
定　　价 / 37.00 元

Preface

前言

党的十八大以来，习近平总书记特别礼赞劳动创造，多次褒奖劳动模范和大国工匠，要求大力弘扬劳模精神、劳动精神、工匠精神，强调“要在全社会弘扬精益求精的工匠精神”“培养更多高素质技术技能人才、能工巧匠、大国工匠”。党的二十大报告提出：“加快建设国家战略人才力量，努力培养造就更多大师、战略科学家、一流科技领军人才和创新团队、青年科技人才、卓越工程师、大国工匠、高技能人才。”培育千千万万的大国工匠，推进制造业质量升级、技术升级、产业升级，提升中国产品品质，是实现由制造大国向制造强国迈进的必然选择。

工匠精神所蕴含的追求卓越、创新精神、传承精神、注重细节、追求完美以及团队精神等内涵，是实现中国制造向中国创造、中国速度向中国质量、中国产品向中国品牌转变的宝贵财富，为新质生产力的蓬勃发展注入了强大活力。

工匠精神中蕴含的爱岗敬业的奉献精神、耐心专注的坚守精神、精益求精的专业精神、勇于创新的实践精神，不仅是优秀传统文化内核，更是我国各行各业从业人员应该具备的、当前职校学生应该认同并践行的优秀职业品质。

工匠精神，匠人为基。广大技能人才是工匠精神的主要传承者、实践者、创新者。拥有一支技艺超群、敬业奉献的技能人才队伍，是建设制造强国的坚强保障。职业教育是工匠的摇篮，蕴藏着人人都有人生出彩的机会，承载着国家强盛、民族振兴的梦想。职业院校是我国培养高素质技能型人才的主阵地，也是培育工匠精神的主阵地，职校学子是传承和践行工匠精神的中坚力量。在职业院校中培育师生的工匠精神，是职业院校内涵式发展的必然要求，也是中华民族伟大复兴“中国梦”征途中职教人所肩负的重大责任。工匠精神是职业教育文化之魂，也是职业教育的魅力所在。

职业院校深刻把握立德树人根本任务与职业教育改革新要求，立足类型教育特征和学生思想行为特点，充分利用好“工匠精神”这一育人素材，突出职业教育特色，厚植工匠文化，多方面、多角度、多元化地把崇尚劳动精神、弘扬劳模精神、培育工匠精神贯穿人才培养的全过程；把工匠精神融入到校园文化建设，创新活动载体，强化网络宣传，讲好劳模故事、讲好劳动故事、讲好工匠故事，教育引导青年学子弘扬劳动最光荣、劳动最崇高、劳动最伟大、劳动最美丽的时代风尚，让工匠精神在校园内落地生根，深入学生心田，培养更多大国工匠、能工巧匠，为中国式现代化建设贡献职业教育力量。

人人皆可成才，人人尽展其才。迸发无限生机的新时代，为大国工匠施展才华、书写“技能改变人生”的精彩故事构筑了宏大舞台，矢志技能成才、笃行技能报国，未来可期。

由于编者水平有限，加之时间仓促，书中存在的不足之处，恳请广大读者批评指正。

Contents

目录

工匠精神 薪火相传

在人类发展进程中，新老匠人层出不穷，数不胜数。他们不仅技术炉火纯青、登峰造极，一举一动都展现出高超的技艺，而且他们骨子里还有一种重要的精神。这种精神让他们敬畏自己的技术，专注于自己的工作，执着追求、精益求精、永不满足、奉献一生，这就是工匠精神。我国自古就有尊崇和弘扬工匠精神的优良传统，从“如切如磋、如琢如磨”“匠心独运”，到鲁班制造工具、蔡伦造纸、李春修建赵州桥等，无不是古代工匠精益求精、追求完美的生动体现。新中国成立以来，一代又一代的工匠不懈努力，“两弹一星”、载人航天工程、高铁技术、大飞机设计与制造等，无不展现了我们对工匠精神的传承和发扬。

学习目标

1. 弘扬优良传统，从中华优秀传统文化中汲取营养，不断赋予其新的时代内涵。
2. 体会劳动创造历史的伟大意义，感受劳动在社会发展变迁中的重要作用。
3. 紧跟时代步伐，培养学生勇于开拓创新的精神。

学习情境一　工匠的起源

案例导入

在我国北方辽阔的土地上，东西横亘着一道绵延起伏、气势雄伟，长达两万多千米的长垣，这就是被视为世界建筑史上一大奇迹的万里长城。它是我国古代一项伟大工程，凝聚着我国古代人民的坚强毅力和高度智慧，体现了我国古代工程技术的非凡成就，也显示了中华民族的悠久历史。

长城是我国古代劳动人民创造的奇迹，是中国也是世界上修建时间最长、工程量最大的一项古代防御工程。自公元前七八世纪开始，连续不断修筑了2 000多年，总计长度达两万多千米，被称为“上下两千多年，纵横十万余里”。长城始建于西周时期，秦朝时得以大规模连接和修缮，后又历经汉、隋、两宋的不断修筑。其中，最新而且也是目前保存最完整的明长城是一座结构庞大且复杂的边防堡垒，被誉为世界最伟大的人工奇迹。古代修建长城时，没有现代的施工技术和运输机械，主要靠人力畜力，而且工作环境又是崇山峻岭、峭壁深壑，可以想见，没有古代劳动人民的辛勤智慧和艰苦付出，是无法完成这项巨大工程的。

中华民族在自己的国土上筑起万里长城的同时，也在中华民族的思想上筑起了“万里长城”，这就是中华民族排千难、战万险，利用自然、改造自然的无穷智慧和雄伟气魄。长城蕴含着坚韧不屈、自强不息的民族精神，体现了中华民族追求和平安宁的美好愿望。

知识链接

一、工匠的定义

何谓“工匠”？“工匠”原指“手工业者”，即以手工劳作为基本方式的劳动者。

目前，工匠泛指有工艺专长的匠人。具体来说，所有专注于某一领域、全身心投入这一领域的产品研发或加工过程，精益求精、一丝不苟地完成整个工序里每一个环节的人，都可称为工匠。木匠祖师鲁班、金缕玉衣的制作者、故宫的建造师等，都是中国历史上著名的能工巧匠。

二、工匠的产生和发展

（一）古代工匠的产生

人类最初的手工劳作，是制作采集工具和狩猎工具。这些工具大多是对天然物的利用或简单加工。如折下一根树枝，就可以作为棍棒；将小块石料砸向较大的石块或岩石，根据掉落石片的形状，继续加工为“砍砸器”“刮削器”“雕刻器”；对木制品和石器进行简单的组合等。

距今约两万年前，出现了一些简单粗糙的陶器。陶器（见图1）是人类第一次利用天然物，按照自己的意志创造出来的一种发生质变的人工制品，制陶技术是只有少数人经过专门研究和学习才能掌握的技法。因此，人们将陶器的最初制造者称为人类发展史上的第一批工匠。

图1　制陶

（来自百度图片）

工匠引领

最古老的仙人洞遗址陶器

2012年6月28日，北京大学考古文博学院吴小红、张驰教授等在美国《科学》杂志上发表文章《中国仙人洞遗址两万年陶器》，证实万年仙人洞陶器出现时间为距今2万年前，这是目前世界已发现陶器的最早时间。

仙人洞遗址坐落于江西万年县大源乡境内，地处赣东北石灰岩丘陵地区的一个山间盆地。遗址分为上下两层。早在20世纪60年代初期，考古人员就对遗址有过大规模的发掘；20 世纪 90 年代，由北京大学考古学系、江西省文物考古研究所和美国安德沃考古基金会（AFAR）组成的联合考古队先后对其进行了 5 次发掘，洞内出土了大量陶器、石器、骨器、蚌器等人工制品和动物骨骼等。

仙人洞遗址下层遗存中的陶器多为粗砂红陶，表现出了较强的原始性；上层遗存中的陶器有夹砂红陶、泥质红陶；较下层为细砂或泥质的灰陶，制作工艺上有了较大的进步。

仙人洞陶器制造者的出现，源自人类日常生活和社会发展的需要。先人既为后人留下了丰富的物质遗产，也留下了以“探索”和“至善至美”为特征的精神财富。其中，有两点技术展现了极为可贵的精神，对现代工匠产生了深远影响：一是将陶器底部都做成圆球形。现代科技证明，这是减小烧制过程中陶器坯体开裂风险的最佳形体。可见，古人在他们那个时代就开始对技术工艺进行不断探索。正是由于这种探索精神，才使得后来的陶器制造工艺有了非同寻常的进步，可以将陶器做出千姿百态的造型以满足各种需要。二是陶器大多在外表做了一定的纹饰。爱美，也许是人类的天性，哪怕用极其简陋的线条，古人也要表达这种天性。这些线条被雕刻成绳状，即使用今天的眼光来审视，也能感受到这些纹饰所蕴含的情感，以及对至善至美的追求。

（二）古代工匠的发展

陶器出现后，又相继出现了瓷器、木器、铁器、铜器及金银器等。在时代传承的过程中，这些器业的工艺和技术都得到了持续性的补充、完善、进化和提升，而且越来越先进，越来越完美。这些完美作品的背后，沥尽了大量优秀工匠的心血。他们不仅技术炉火纯青、登峰造极，且一举一动都展现出高超的技艺。然而，作为人类发展史上的第一批工匠，他们的名字却无从查起。迄今为止，能够知道姓名的最早工匠，出现在距今 2 000 多年前的秦始皇陵兵马俑身上。秦朝对制陶作坊的工匠实行“物勒工名，以考其诚”的制度，要求工匠在各自制作的俑身上镌刻自己的名字，现在能辨清的有宫丙、宫疆等 85 个。这本是统治者用于稽查陶工制作的陶俑数量和质量的，却为后人留下了一大批艺术工匠的名字。

秦始皇陵兵马俑

秦始皇陵兵马俑位于陕西省西安市临潼区，秦始皇陵以东 1.5 千米处的兵马俑坑内。兵马俑是古代墓葬雕塑的一个类别。古代实行人殉，奴隶是奴隶主生前的附属品，奴隶主死后奴隶要作为殉葬品为奴隶主陪葬。兵马俑即用陶土制成兵或马形状的殉葬品埋在地下继续守卫主人。1974 年 3 月，秦陵兵马俑被发现；1987 年，秦始皇陵及兵马俑坑被联合国教科文组织批准列入《世界遗产名录》，并被誉为“世界第八大奇迹”。

秦始皇陵兵马俑陪葬坑坐西向东，三坑呈品字形排列。最早发现的是一号俑坑，呈长方形，坑里有 8 000 多个兵马俑。现场发掘出的陶俑实物，使人们解开了兵马俑烧造之谜。兵马俑大部分是采用陶冶烧制的方法制成，先用陶模做出初坯，再覆盖一层细泥进行加工，刻画加彩。有的先烧后接，有的先接再烧，火候均匀、色泽单纯、硬度很高。每一道工序，都有不同的分工和一套严格的工作系统。烧造时，俑坯在窑中的摆放也是很有趣的。它与人们的想象完全相反：俑坯不是脚朝下，而是头朝下、脚朝上放着。这种摆法是很科学的，因为人体上部比下部重，头朝下放置比较稳定，且不易塌落。这说明远在 2 000 多年前，我国劳动人民就掌握了科学重心原理。

（资料来源：光明网—《光明日报》。《“物勒工名”与传统工匠精神传承》）

古代工匠创造了秦陵兵马俑这一世界奇迹，同时，古代工匠也是一个老百姓日常生活须臾不可离的职业，如早先的木匠、铁匠、铜匠、银匠、皮匠、鞋匠、泥瓦匠等。各类手工匠人用他们精湛的技艺为传统生活图景定下底色。随着农耕时代结束，社会进入后工业时代，一些与现代生活不相适应的老手艺、老工匠逐渐淡出人们的日常生活，传统手工业中的许多行业也相继消失了。磨剪子戗菜刀、焊桶、手工织渔网、敲白铁……这些都是逐渐消失的“老行当”，老一代手艺人相继衰老，年轻人又不愿意做缺乏“效率”的手艺活。很多被选入世界非物质文化遗产的传统技艺，也因缺乏继承人而走向失传。

（资料来源：扬子晚报。《走街串巷，用视频记录正逐渐消亡的“老行当”》）

三、工匠精神的当代发展

改革开放 40 多年来，中国经济给世人的印象是急速奔跑。1996—2022 年，上榜世界 500 强的中国企业从 4 家变成 145 家，营业收入规模从 0.1 万亿美元增长到 11.5 万亿美元，上榜数量和营业收入规模均位居全球第一。这个发展速度和规模几乎是绝无仅有的，令全世界难以想象。因为这 40 多年的急速奔跑，中国出现了一个非常独特的现象，那就是新旧两个时代的并存。当代人既看到了新时代的朝阳，又感受到了旧时代的黄昏。20 世纪 90 年代，股票交易恢复，“一夜暴富”成为可能；2000 年，房地产发展迅速，炒房成为时尚；2012 年“互联网 +”袭来，又是一波风起云涌，计算机、手机、大数据、云计算、工业 4.0、人工智能等让人应接不暇，稍有不慎就被会时代落下。在 40 多年经济的快速发展中，人们追求“速度为王”，却忽视了工匠精神。

伴随着物质文明的发展，一股浮躁的风气也在悄然蔓延。消费主义理念的侵袭，让一些人在物欲横流中放弃了对诚信、节俭的坚守。互联网金融造富的“神话”，让一些创业者在投机取巧中失去了对敬业、守业的坚持。浮躁、功利的心态注定会导致理想信念的垮塌，社会的精神文明建设也会因此面临严峻的考验。

社会文明的进步离不开诚信敬业的工匠精神。唯有以工匠精神武装职业精神，让诚信、敬业的职业理念贯穿所有行业，才能给社会文明的进步提供强大的精神动力及智力支持。

正所谓宝剑锋从磨砺出，梅花香自苦寒来，无论是孙敬、苏秦的悬梁刺股，还是孟郊、贾岛的字斟句酌，无不表明坚持执着才会带来人生突破。制造业的转型升级离不开精雕细琢的工匠精神。40 多年的改革开放，我们已经成为制造业的大国，但只有实现从大到强的跨越，才能有力地支撑经济的高质量发展。我们需要大力发扬以工匠精神为核心的职业精神，将敬业、精益、专注、创新的工匠精神融入生产、设计、经营的每一个环节，才能实现制造业由量到质的飞跃。

经济发展的升级离不开工匠精神的支撑，社会文明的进步也需要传承工匠精神。在外临发展压力、内隐变革张力的发展新时代，我们作为社会主义现代化建设主力军和伟大复兴使命生力军的一分子，尤其需要用工匠精神来指导自己干事创业。让工匠精神成为一种精神标尺，沉淀对事业的热情和执着，就一定能在百舸争流、千帆竞发的时代洪流中勇立潮头、展现风采。

2015 年，央视新闻网推出八集系列节目《大国工匠》，讲述了为长征火箭焊接发动机的国家高级技师高凤林等 8 位不同岗位的劳动者用他们灵巧的双手匠心筑梦的故事。他们的成功之路，不是进名牌大学、拿耀眼文凭，而是默默坚守、孜孜以求，在平凡岗位上，追求职业技能的完美和极致。有人能在牛皮纸一样薄的钢板上焊接而不出现一丝漏点，有人能把密封精度控制在头发丝的五十分之一，还有人的检测手感堪比 X 射线，令人叹服。这些看似职位平凡的建筑工、车工、镗工、银工、钳工、焊工、电工等的发展不容轻视，只要做到了“人无我有，人有我优、人优我精”的高精尖程度，同样可以脱颖而出，跻身“国宝级”技工行列，成为一个领域不可或缺的人才。

思考与分析

1. 我们要从中华优秀传统文化中汲取怎样的工匠精神营养？

2. 央视新闻网推出系列节目《大国工匠》，讲述了高凤林等8位不同岗位劳动者用自己勤劳的双手，脚踏实地地追求，在平凡的岗位上铸就了不平凡的成就。看后，你有什么启发和收获？

3. “制造强国”战略下，技能人才的成长怎样才能符合国家发展战略的需要？

学习情境二　工匠技术重要，精神更重要

案例导入

中铁建工集团自1953年成立以来，一直以“改善环境、创造幸福”为企业使命，累计承建了500余座铁路站房和一大批综合交通枢纽、城市地标建筑，获得了“铁路站房建设王牌军”“大型公共建筑专家”“综合交通枢纽建设主力军”“城市综合开发优质合作伙伴”的称号。从新中国铁路基础设施的建设者到主动走向市场的“探路者”，再到如今一流城市建设服务商，80多年来，中铁建工集团奋发有为、步履坚实。

1959年1月20日，新北京站正式开工建设。在时间紧、任务重、要求严的情况下，中铁建工集团充分发挥自身优势，昼夜奋战，靠着“人拉肩扛”和手工绘图计算，仅用时7个月零20天，便建成新中国第一座大型火车站，打造了中国元素与现代设施巧妙结合的建筑经典，中铁建工集团就此开启了近70年的铁路站房建设事业。如今，北京站车站大楼已被认定为全国重点文物保护单位。

深圳蛇口工业区是第一个外向型经济开发区，凭借着在铁路工厂建设中积累的丰富经验，中铁建工集团中标“蛇口一号”至“蛇口五号”工业厂房等标志性工程。中铁建

工集团凭着一股子闯劲，短时间内完成了10栋工业厂房的建设，实现了在深圳市场的稳步发展。此后，迎接香港回归的配套工程——五洲宾馆、中国最大的口岸铁路客运站之一——深圳火车站、鹏城地标建筑——深圳市民中心等一个个代表性项目都由中铁建工集团交付投用。

从北京超百米建筑亮马河大厦到当时的上海浦西第一高楼南证大厦，从青岛海尔工厂到苏州杜邦工厂，中铁建工集团的足迹遍布全国各地，中铁建工集团用匠心书写了奋斗篇章。

知识链接

一、工匠精神的体现

在长期的进化中，人类的祖先学会了使用工具，学会了使用火，进而学会了制造工具、改进工具，而工具的改进又推动人类文明的加速发展。人类学会使用石器花费了上百万年，从石器到铁器，又经历了几万年，从铁器时代到蒸汽时代也历经了几千年。这之后，人类文明就进入了迅速迭代时期。从蒸汽时代跨入电气时代仅用了不到100年的时间，从电气时代到信息化时代用了60年。从3G到4G普及只用了4年……一部人类文明史就是一部工匠史。

“道也，进乎技矣。”工匠们以工艺专长造物，在专业的不断精进与突破中演绎着“能人所不能”的精湛技艺，其凭借的是对精益求精的追求。我国自古就有尊崇和弘扬工匠精神的优良传统。《诗经》中的“如切如磋，如琢如磨”，反映的就是古代工匠在切割、打磨、雕刻各类器物时精益求精、反复琢磨的工作态度。新中国成立以来，一批又一批劳动者在党的领导下，始终坚持弘扬工匠精神，用奋斗创造了一个又一个“中国奇迹”。从红旗渠到南京长江大桥，从“嫦娥”奔月到“祝融”探火，从“北斗”组网到“奋斗者”深潜，从港珠澳大桥飞架三地到北京大兴国际机场凤凰展翅……这些科技成就、大国重器、超级工程，都刻印着能工巧匠一丝不苟、追求卓越的身影。正是一代代劳动者对工匠精神的继承与发扬，才使我国从一个基础薄弱、工业水平落后的国家，成长为世界制造大国。

“工匠”二字意味深远，代表着一个时代的气质，与坚定、踏实、精益求精相连。

工匠精神靠的是师徒相传，靠的是情感纽带，靠的是一丝不苟的苦心孤诣，工匠们可以将产品做到极致，借此来征服用户和市场。尽管工匠在当今这个时代有断层之虞，精湛的手工技术也可能会随着生产方式的变革而消失，但以他们为代表的精雕细琢的精神却永不过时。那么，什么是工匠精神？工匠精神应包含哪些重要的素质？

工匠精神大家谈

四位不同身份和角色的人，有身怀绝技的大国工匠，有专门研究经济学的专家学者，也有经验丰富的工会工作者……他们从自身的认知和实践角度，对工匠精神进行了探讨。

中国航天科技集团公司一院211厂特级技师高凤林

工匠精神可以从三个层面来理解，即思想层面：爱岗敬业、无私奉献；行为层面：开拓创新、持续专注；目标层面：精益求精、追求极致。不能机械地将工匠精神理解为手工劳动者应该具备的素养，它其实是以产品为牵引，涵养一种专注精神，让人用心用脑、精益求精，追求卓越的效果或目标。提倡工匠精神，不仅可以帮我们养成严肃、重视技能、形成专注的习惯，并以此生产出更好的产品，还能作用于人本身，让个人在高度工业化和商业化的社会中找到自我认同。

北京大学经济学院党委书记、教授董志勇

工匠精神可以概括为四个方面：精益求精、持之以恒、爱岗敬业、守正创新。

精益求精是工匠精神最值得称赞之处。具备工匠精神的人，对工艺品质有着不懈的追求，以严谨的态度，规范地完成好每一道工序，小到一支钢笔、大到一架飞机，每一个零件、每一道工序、每一次组装都不能掉以轻心。

持之以恒是工匠精神最为动人之处。具备工匠精神的人是向内收敛的，他们隔绝外界纷扰，凭借执着与专注，从平凡中脱颖而出。他们甘于为一项技艺的传承和发展奉献毕生才智和精力。

爱岗敬业是工匠精神的力量源泉。爱岗敬业是中华民族的传统美德，是一份崇高的精神。“问渠那得清如许，为有源头活水来”，正是爱岗敬业精神激励着一代代工匠匠心筑梦。

守正创新彰显了工匠精神的时代气息。大国工匠们凭借丰富的实践经验和不懈地思考进步，带头实现了一项项工艺革新，牵头完成了一系列重大技术攻坚项目。他们在各自工作岗位上的守正创新正是当今我国时代精神的最好体现。

全国总工会宣教部部长王晓峰

工匠精神的内涵有三个关键词：一是敬业，就是对所从事的职业有一种敬畏之心，视职业为自己的生命。二是精业，就是精通自己所从事的职业，技艺精湛。我们熟知的大国工匠，个个都是身怀绝技的人，在行业细分领域做到了国内领先。三是奉献，就是对所从事的职业有一种担当精神、牺牲精神，耐得住寂寞，守得住清贫，不急功近利、不贪图名利。

敬业反映的是职业精神，是前提；精业反映的是职业水准，是核心；奉献反映的是个人品德，是保障。可以说，新时期的工匠精神，是劳模精神、劳动精神的重要体现。工匠精神不局限于企业生产，而是包括政府机关在内的各行各业，都应有敬业、精业、奉献的追求。

中国航天科技集团公司直属工会李梅宇

工匠精神是一种精神，也是一种品质、一种追求和一种氛围。在具体含义方面，应该包括以下几个精神：爱岗敬业、无私奉献的孺子牛精神，大国工匠无一例外是干一行爱一行的爱岗乐岗者；善于学习、勤于攻关的金刚钻精神，大国工匠都是爱学习善学习的，是持续改善、勇于创新的推动者；专心专注、精益求精的鲁班精神，是努力把品质从99%提升到99.99%的精神；百折不挠、坚忍不拔的苦行僧精神，大国工匠都是不怕苦、不怕难，甘于寂寞，锲而不舍，永远在路上的修行者；传承技术、传播技能的园丁精神，大国工匠都是率先示范、用劳模精神和精湛技能感召人、教育人的典范；打造品牌、追求卓越的弄潮精神，大国工匠守规矩、重规则，也重细节，不投机取巧，都是追求卓越的完美主义者。

“心心在一艺，其艺必工；心心在一职，其职必举”。“择一事终一生”的执着专注，“干一行专一行”的精益求精，“偏毫厘不敢安”的一丝不苟，“千万锤成一器”的追求卓越……对于工匠精神所包含的素质，目前没有统一的说法，但工匠精神的目标都是一致的，都是打造本行业最优质的、其他同行无法匹敌的卓越产品。因此，工匠精神可以概括为追求卓越的创造精神、精益求精的品质精神、用户至上的服务精神。

（资料来源：《中国纪检监察报》。《字里行间｜心在一艺 其艺必工》）

二、工匠精神的时代价值

工匠精神是衡量社会文明进步的重要尺度，是中国制造前行的精神源泉，是企业竞争发展的品牌资本，是员工个人成长的道德指引。对中职生来说，践行工匠精神要做到爱岗敬业、持之以恒；专心致志、苦练本领；精益求精、做到极致；创新进取、追求超越；匠心筑梦、技能报国。

树立匠心，把精益求精的品质追求贯穿工作始终，笃实专一、心无旁骛。把技艺的精准、精细视为生命，练就久久为功的坚定意志，经年累月、专注持续地在一个领域内钻研。铸就匠艺，用匠心引领技艺的提升与超越，立足我国现实，放眼世界制造业发展方向，不断探索技艺提升路径，在既有技艺水平的基础上寻求新的突破。胸怀理想，把国家、社会、行业的需要与自己的事业追求统一起来，不但要热爱本职，还要精研本职，在平凡岗位上追求卓越。

首先，从经济角度来看，工匠精神是推动经济高质量发展的重要力量。在现代制造业和服务业中，工匠精神追求卓越、精益求精的品质，可以大幅提高产品的质量和竞争力，进而提升整个产业的竞争力。这种注重细节、追求卓越的态度，有助于推动经济的繁荣和发展，提升国家的经济实力。

其次，工匠精神在文化传承方面也具有重要价值。工匠精神是中国传统文化的重要组成部分，它承载着中华民族的智慧和匠心独运的精神。通过弘扬工匠精神，我们可以更好地传承和发扬中华传统文化，让更多的人了解和认识中国的传统工艺和技艺。这不仅有助于增强我们的民族自信心和自豪感，也有助于推动文化产业的创新和发展。

再次，工匠精神对于个人成长和职业发展也具有重要意义。工匠精神所倡导的敬业、精益、专注和创新等品质，是现代社会中个人成长和职业发展的重要素质。具备工匠精神的人，能够在工作中保持热情和专注，追求卓越和不断进步，从而提升自己的职业竞争力。同时，工匠精神也有助于培养个人的耐心和毅力，让人们在面对困难和挑战时能够坚持不懈，最终取得成功。

此外，工匠精神还具有推动社会进步的作用。在当代社会，创新是推动社会进步的重要动力。工匠精神所强调的创新内蕴，能鼓励人们不断挑战自我、探索新领域，从而推动社会的不断发展和进步。同时，工匠精神也强调对社会的贡献，这种为社会做出贡献的精神有助于构建更加和谐、稳定的社会环境。

思考与分析

1. 什么是工匠精神？工匠精神包含哪些重要的素质？
2. 工匠精神的时代价值是什么？
3. 对新时代的中职生来说，应如何践行工匠精神？

学习情境三　探寻中国的工匠精神

案例导入

一种壮举总会孕育一种精神。南水北调中线工程，一个举世瞩目的引水工程，像一首气势恢宏的交响曲，演奏着中华民族的时代乐章。大国工匠精神在南水北调中线工程建设施工过程中得到了令人欣喜的彰显和弘扬，大国工匠精神也是南水北调这一国字号工程顺利通水的关键。

南水北调，源远流长，横穿长江、淮河、黄河、海河四大流域，是人类历史上最宏大、最复杂、最艰巨的水利工程，是实现我国水资源优化配置的重大战略性工程，功在当代、利在千秋。南水北调中线工程全面通水以来，我国的经济、社会和生态效益明显。南水北调工程是中国共产党领导人民改造自然、造福人民的伟大奇迹，不仅是水利工程建设的一座不朽丰碑，还蕴含着丰富的文化元素，形成了以“人民至上、协作共享、艰苦奋斗、创新求精、舍家为国”为丰富内涵的南水北调精神，是社会主义核心价值观的集中体现，是民族精神和时代精神的生动实践。弘扬南水北调精神就必须大力弘扬大国工匠精神。

一、中国历史上的能工巧匠

春秋战国时期的鲁班，在机械、土木、手工工艺等方面都有很多发明。现在木工用的手工工具，如锯、钻、刨子、铲子、曲尺、墨斗等，据说都是他发明的，鲁班也因此成为后世公认的“工匠始祖”。

汉朝末期的马钧是中国古代科技史上最负盛名的机械发明家之一。马钧年幼时家境贫寒，有口吃的毛病。他虽不善言谈却精于巧思，后来在魏国担任给事中的官职。他还原了指南车，奉诏制木偶百戏，称“水转百戏”。接着马钧又改造了笨重的织绫机，工效提高了四五倍。马钧还研制了用于农业灌溉的工具龙骨水车（翻车）。

中国南北朝时期的祖冲之，一生钻研自然科学，其主要贡献在数学、天文历法和机械制造三个方面。他在刘徽开创的探索圆周率的精确方法基础上，首次将圆周率精算到小数点后第七位，即在 3.1 415 926 ~ 3.1 415 927 之间，他提出的祖率对数学研究具有重大贡献。

隋朝李春设计并建造的赵州桥，历经 1 400 年的风霜，经历了无数次的重压和冲蚀、多次地震及战争，依然屹立至今。

元代黄道婆出身贫苦，没有读过书，但是她具有勤劳、勇敢、聪明、无私的高尚品德。她一生辛勤地纺纱织布，在纺织技术上有许多发明创造，为我国棉纺织业的发展做出了重大贡献。

正是这些伟大的古代工匠奠定了文明的基础，成就了文明的辉煌。今天，新一代中国工匠们又以“人无我有、人有我优、技高一筹”的智慧，继续释放出了惊天动地、感动世人的奇迹效应和技能效应，让中华民族流传了几千年的技能得到了继承和发扬。

火箭“心脏”焊接人——高凤林

高凤林自 1980 年于技校毕业后，一直从事火箭发动机焊接工作至今。40 多年来，他几乎都在做着同一件事，即为火箭焊“心脏”——发动机喷管焊接。38 万千米，是“嫦娥三号”从地球到月球的距离；0.16 毫米，是火箭发动机上一个焊点的宽度；0.1 秒，是完成焊接允许的时间误差。

“盯着一个微小的焊缝，可以十分钟不眨眼。”——他叫高凤林，中国航天第一研究院 211 厂的一个班组长，他的工作用一句话形容就是“给火箭焊心脏”，从事航天焊工 40 多年的他被称作“发动机焊接第一人”。

企业颁给他“能手”的称号，同事喊他“大师”，媒体称呼他“大国工匠”，国家授予他“全国劳模”。因为技艺高超，曾有人开出“高薪加两套北京住房”的诱人条件聘请他，高凤林却说：“我们的成果打入太空，这样民族认可的满足感用金钱买不到。”发射成功后的自豪感和满足感引领他一路前行，成就了他对人生价值的追求。专注做一件事情，创造别人认为不可能的可能，高凤林用 40 多年的坚守，见证了中国走向航天强国的辉煌历程，诠释了一个航天匠人对理想信念的执着追求。

中国掌握焊接技术的工匠不计其数，能够达到高凤林这样技术水平的工匠也并不少见，但是能够对自己的产品做到“精心雕琢”，甚至像“金娃娃”一样用心呵护的工匠却是凤毛麟角。如高凤林一样的大国工匠，他们创造的与其说是技术传奇，不如说是人生传奇和精神传奇。他们有着自己明确的精神价值追求和高尚的人生境界，既不满足于一时的成事，也不满足于世俗的所谓成功，而是用生命演绎传奇，实现自己的人生价值、追求自己的人生梦想。

（资料来源：新华网。《铁裁缝高凤林 为火箭“焊心”38 年》）

二、中国古代工匠的智慧

中国古代工匠的智慧体现在对传统工艺的精湛掌握和不断创新上。例如，刺绣艺术作为中国传统手工技艺的瑰宝之一，其苏绣、湘绣、蜀绣、粤绣等各具特色的流派，都是工匠们经过长期实践和创新的结果。这些刺绣作品以精湛的技艺和独特的审美理念，为世人呈现出锦绣华章的织造奇迹。

在传承方面，古代工匠通过师徒相传的方式，使得技艺和经验代代相传，使得许多传统工艺得以延续至今。同时，他们也不断探索新的工艺和技术，将传统工艺与现代科技相结合，为行业的发展注入新的活力。

中国古代工匠的智慧体现在对技艺的精湛掌握、对创新的不断追求以及对传统的尊重和传承上。他们的智慧和创造力为中华民族的文化传承和科技发展留下了宝贵遗产，也为后人树立了学习和传承的榜样。

思考与分析

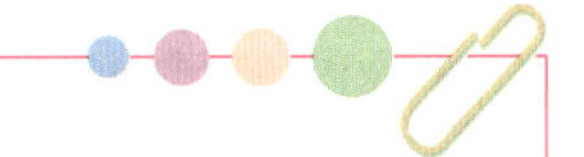

1. 请列举我国古代的能工巧匠事迹。
2. 火箭“心脏”焊接人高凤林的故事，对你有什么启发？

学习情境四　新时代需要工匠精神

案例导入

中国工匠刘更生的事迹非常丰富和卓越。他是一位杰出的非物质文化遗产传承人，专注于“京作”硬木家具制作技艺，并致力于古旧家具的修复工作，这一领域他已经深耕了近 40 年。

他的技艺精湛，多次参与重要文物的大修与复制工作。在 2013 年故宫博物院的“平安故宫”工程中，他成功修复了故宫养心殿的无量寿宝塔、满雕麟龙大镜屏等数十件珍贵的木器文物，并复刻了故宫博物院的金丝楠鸾凤顶箱柜、金丝楠雕龙朝服大柜，使这些经典之作得以再现并传承于世，为“京作”技艺和民族文化的继承与发扬做出了重要贡献。

此外，刘更生还多次承担国家重点工程任务。他参与制作了香山勤政殿、颐和园延赏斋、北京首都机场专机楼元首厅等项目的经典家具，设计制作了 2014 年 APEC 峰会 21 位元首的桌椅、内蒙古自治区成立 70 周年大座屏、宁夏回族自治区成立 60 周年贺礼以及国庆 70 周年天安门城楼内部的木质装饰等国家重点工程家具。他设计的“APEC 系列托泥圈椅”荣获世界手工艺产业博览会“国匠杯”银奖，这进一步证明了他的卓越技艺和创新精神。

刘更生的事迹不仅体现在他的技艺成就上，更体现在他对传承中国优秀传统文化的执着追求和无私奉献上。他作为红木家具百年老字号龙顺成的第五代传承人，致力于将这门技艺传承给后人。他还荣获了全国五一劳动奖章、北京市劳动模范、北京一级工艺美术大师、北京首届大工匠等称号，并在2021年被授予“大国工匠年度人物”，这些荣誉都是对他卓越贡献的肯定。

刘更生的事迹充分展示了一位中国工匠的精湛技艺、卓越成就和无私奉献精神，他是中国工匠精神的杰出代表，也是我们学习和敬仰的榜样。

知识链接

当前，我国正从“制造大国”走向“制造强国”，从“中国制造”走向“中国智造”，这就需要发挥好“工匠精神”的作用，摒弃浮躁、勿忘初心、从容淡定、精致精细、执着专一，不贪多求快、不好高骛远、不眼花缭乱，不惜力，不怕费事，甚至虽费尽周折但依旧没有收获也无怨无悔。不轻言放弃，用一步一个脚印的稳健精神，艰苦磨炼，使产品和技能能够不断攀越，走向精致。

新时代的工匠精神不能简单地等同于手工业时代的工匠精神。两者虽有很多渊源，但两者依附的社会经济基础不同，面对的社会形势也有很大差异。最简单的区别是：手工业时代的匠人精神更注重精细，可以花十几年甚至几十年做一样东西；而现代的工匠精神既追求极致的品质，也要求提升效率。如果说前者的精益求精是靠不计成本地投入心血，那么后者的精益求精更多的是靠观念上的不断创新。

顺应潮流、积极求变是当代工匠精神的立足之本。如果不能领悟到这点，机械地照搬手工业时代的匠人精神，可能会走入“邯郸学步”的误区。古人说：“治世不一道，便国不必法古。”优良的传统自然要继承发扬，但不能适应现代生活节奏，只适合远距离欣赏的做法就不适合再用于实践。

一、传统工匠精神

传统工匠精神也是如此，既要批判地吸收，更要积极为之注入符合时代潮流的新内涵。那么，传统工匠精神有哪些精髓现在也通用呢？

（一）爱岗敬业

工匠把工作看作是一种修行，甚至将其看作“人生”本身。热爱自己的工作，通过辛勤劳动把所从事的事业发扬光大。无论自己的收入是否最多，地位是否最高，都会为自己的劳动成果感到自豪。爱岗敬业的最大意义，就是保持对工作与生活的热情，从而焕发出更多的活力。

（二）专注而不浮躁

这是现代人最缺乏的品质之一。荀子说：“无冥冥之志者，无昭昭之明；无惛惛之事者，无赫赫之功。”这句话的意思是人要静下心来保持精神专注，才能做到头脑清晰、思虑明澈，从而正确地为人处世，进而建立功勋。凡是出类拔萃的工匠，人生关键词里都有一个“专”字。当别人被蝇头小利或浮光掠影吸引时，工匠眼中和心里只有自己的目标，因专注而专精，因专精而专业，因专业而卓越。

（三）视品质为生命

优秀的工匠是不允许自己出败笔的。因为工匠的作品不光是用来换取金钱的商品，更是倾注了自己心血的艺术品。艺术品岂能容忍败笔？对技术精益求精，对作品精雕细琢，不光是为了用诚意之作换取“业界良心”的用户口碑，更是为了不愧对自己的“工匠灵魂”。

（四）不图侥幸

工匠信奉一步一个脚印的踏实主义。任何花架子最终都经不起时间的考验，也抵挡不住硬功夫的冲击。工匠凭借高超的技术立身，无论是天赋异禀还是资质平平，都需要坚持不懈地训练，锲而不舍地积累。工匠一生中最重要的作品就是自己。自己不能成大器，又怎能制造出令人惊叹的国之重器？

二、新时代工匠精神

上述四点，不分时代，不分行业，都是统一的。而现代的工匠精神还应该增加两个新内涵：

（一）不断紧跟前沿知识的学习精神

工匠为了追求更高境界，会终身保持学习的心态，见证层出不穷的新事物，吸收不断升级的新知识。优秀的工匠们心中都有自己完整的知识体系，同时还不断地在完善这个知识体系。他们对自己的不完美之处心知肚明，于是把自我增值当成头等大事，以免自己从先进工作者沦为落后于时代的庸人。

（二）创意至上的原创精神

无论工匠们在执行一道道工序时多么刻板，他们的脑子里都经常会蹦出一些新创意，历代工匠都是技术革新的先行者。工匠作业并不只是机械地重复一连串枯燥的工序，而是一种具有创造性的活动。没有原创精神的工匠，注定成不了什么气候。工匠会以不同于常人的眼光来观察生活，发现大家没意识到的东西，这往往就是他们的创新点。一切都是为了“求道”，发现生活中的新问题，研究出解决新问题的新方法，进而找到开启新世界的大门。

总而言之，“匠心”与效率相互冲突的时代正在过去，未来的世界需要更多以工匠精神打造的极致产品。在新技术条件下，经过革新的工匠精神不是落后生产力的代名词，工匠精神会彻底融入现代社会的生活节奏，焕发出耀眼的光芒。

以创新精神守护大国粮仓

刘旭光是中储粮安徽分公司铜陵直属库仓储管理科副科长。2008年他入职时，中储粮一个直属库只有几个仓是智能化水平较高的样板仓，“但现在每个仓都是样板仓、示范仓，做到了科技储粮全覆盖”。

在中储粮成都储藏研究院工作了10年的王跃介绍，如今粮仓里不仅能做到“手摸无尘、口吹无灰”，储存和进出粮环节也“基本实现了现代化、科技化和智能化”。

“藏粮于技”的显著效果离不开一代代储粮人的努力，他们参与并见证着绿色储粮、智能储粮技术的发展。工作越久，他们越发现，虽然岗位平凡，但意义重大，“我们是在为国储粮”。

劳动光荣，技能宝贵，创造伟大。没有一流的技工，就没有一流的产品。过去这些年来，技能人才托起了中国制造。当前，我国正在实施“中国制造2025”战略，奋力向“制造强国”迈进，需要更多具有世界水平的技能人才，需要技能人才更好地用工匠精神武装自己。

（资料来源：《中国青年报》。《以创新精神守护大国粮仓》）

思考与分析

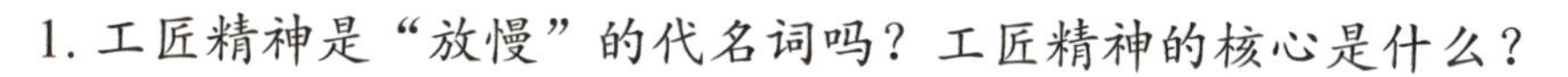

1. 工匠精神是“放慢”的代名词吗？工匠精神的核心是什么？
2. 当今时代，我们如何践行工匠精神？

活动与实践

观看《大国工匠》视频，了解大国工匠所缔造的神话，体会工匠们能够数十年如一日地追求职业技能的极致化，靠着传承和钻研，凭着专注和坚守，缔造了一个又一个“中国制造”神话故事的执着精神。观看后，针对“工匠精神的内涵和作用”进行大讨论。

专题二 爱岗敬业 持之以恒

爱岗敬业、持之以恒，是工匠精神的本质。它意味着干一行、爱一行，专一行、精一行；意味着对一件事情倾尽心血和耐心等待；意味着对一件事情十年如一日地执着；意味着对完美创造的坚持（见图2）。

图2　匠心

（图片来源：搜狐网。《用心毫厘，得之千里》）

学习目标

1. 初步形成对职业的认知，树立职业自豪感，引发对就业的思考和规划。
2. 提升职业劳动素养，培养精益求精的工匠精神和爱岗敬业的劳动态度。
3. 增强学生职业意识和社会责任感，促进学生身心全面发展。

学习情境一　从热爱自己的工作出发

案例导入

为大力弘扬劳模精神、劳动精神、工匠精神，深入推进产业工人队伍建设改革，激励广大职工锐意创新、敢为人先，依靠劳动创造，扎实推进中国式现代化，以实际行动迎接中国工会十八大胜利召开，由中华全国总工会、中央广播电视总台联合举办的2023年“大国工匠年度人物”发布活动，于当年9月25日正式启动，并发布活动吉祥物和举办地工匠打卡路线。

本届“大国工匠年度人物”吉祥物——工匠熊猫“工宝”由成都大运会“蓉宝”优化提升主创、旅行熊猫作者、成都大学田海稣教授创作。“工宝”身着撸起袖子的湛蓝色工装套装，头戴护目镜，穿皮质工作围裙，脚着高帮三防工作靴，手持作业工具。“工宝”既生动展现了人民“撸起袖子加油干”的形象，又充分体现了劳模精神、劳动精神、工匠精神。

知识链接

一、工匠热爱自己的工作

工匠精神的伟大，源于工匠本身的伟大。而工匠的伟大，恰恰在于不起眼的平凡，在平凡的岗位上，扮演好自己的社会分工角色，做好社会分配给自己的任务。工匠心中总是有一个大大的蓝图，知道自己负责其中哪一道工序，也明白自己所在的工序有什么意义。

他们有着清晰的目标与规划，严密的团队协作纪律，踏实认真的办事态度，齐心协力完成同一个大目标。从这个意义上说，工匠的人生是一种最明确、最高效的生活方式，也是一段始于平凡、追求卓越的旅程。

人们赞叹不已的各种文明奇迹，都是无数平凡工匠们一起努力的结果。假如其中有人在某道工序上玩忽职守，任何“文明奇迹”都会落得个“千里之堤，毁于蚁穴”的下场。

工匠可能是世界上最热爱自己工作的人群之一。他们乐于把自己的奇思妙想化为巧夺天工的作品；他们相信自己的工作有着不可或缺的重要意义；他们觉得自己的工作是一项了不起的事业，而从事这项工作的自己应该高昂着头大步向前。正是由于怀着对工作的满腔热爱，工匠们才能以超乎寻常的激情与毅力来挑战各种复杂而烦琐的任务，铸就那不因岁月流逝而失色的业内传奇。

一位热爱工作的工匠，究竟能活出什么样的夺目光彩呢？有“中车技能专家”美称的中车青岛四方机车车辆股份有限公司的车辆钳工，高级技师宁允展做出了很好的示范。

工匠引领

高铁研磨师——宁允展

CRH380A 型列车曾以世界第一的速度试跑京沪高铁，它是我们国家领导人向全世界推销中国高铁而携带的唯一车模，可以说是中国高铁的一张国际名片。打造这张名片的，有一位不可或缺的人物，高铁首席研磨师——宁允展。

19 岁的宁允展从铁路技校毕业后，进入当时的四方机车车辆厂（中车四方股份有限公司前身），从事自己喜爱的车辆钳工工作，一干就是 24 年。

2004 年，公司进行时速 200 千米的高速动车试制，转向架上的定位臂成了转向架制造的“拦路虎”。高速运行情况下，动车定位臂的接触面要承受相当于二三十吨的冲击力，定位臂和轮对节点必须有 75% 以上的接触面间隙小于 0.05 毫米，否则会直接影响行车安全。定位臂的接触面不足 10 平方厘米，手工研磨是保证接触面间隙精准的唯一可行方法。人工研磨的空间只有 0.05 毫米左右，相当于一根发丝的直径。磨少了，精度达不到要求；磨多了，价值十几万的构架就会报废。在国内并没有可供借鉴的成熟操作技术经验的情况下，宁允展主动请缨，挑战这项难度极高的研磨技术。扎实的基本功加上夜以继日的潜心琢磨，仅用了一周时间，宁允展便掌握了外方熟练工人需用数月才能掌握的技术，成为中国高铁转向架定位臂研磨第一人，被同事们戏称为“鼻祖”。

这一研磨法不仅将研磨效率提高了1倍多，也将接触面的贴合率从原来的75%提高到了90%以上，这项绝技使长期制约转向架批量制造的瓶颈难题得到破解，为高速动车组转向架高质量、高产量的制造做出了突出贡献。也正是由于秉承着认真对待工作的精神，宁允展创造了连续十年定位臂研磨无次品纪录，成了徒弟们非常敬佩的好老师。

在职场中，有一种情感和态度，或许比技术和能力更加重要，那就是热情和热爱。宁允展取得今天的成绩只得益于两个关键词——热爱和热情。从宁允展的故事中不难感受到他对工作的热爱，也不难体会到他对生活的热情。热情和热爱可以影响一个人的工作激情、动机、创造力、影响力和他人印象。在现代职场中，热爱自己的工作，关注自己的自我表达和自我实现，已经成为最成功和最有前途的人士所需要的因素之一。

（资料来源：《经济日报》。《中车青岛四方股份公司钳工高级技师宁允展——匠心研磨 服务高铁》）

二、如何热爱自己的工作

热爱自己的工作是一种信念和态度。它包含对自己职场生涯的愿景，对职业生活的认同，对工作的热情和创造力。人们热爱自己的工作，并为自己的职业生涯而奋斗，一定能不断提升自己的能力、赢得团队的信任、获得上司的认可、树立行业的声望。这样的人是不会轻易放弃的，他们的努力和追求会让他们保持在职场的热情和热爱。满怀“热情”，付出不亚于任何人的努力，把自己所持的“能力”最大限度地发挥出来，正面自己的工作，把工作做得更出色。如果能做到这些，人生一定会硕果累累。

热情和热爱是职场中最强大的品质，它可以促进我们的成长和进步。当你热爱自己的工作，坚持不懈地追求自我实现与职业成功，就算有挫折和困难，也能让你坚定不移，迎难而上。

人如果想过得幸福，就需要拿出一种饱满的精神劲头来处理工作与生活。那些厌倦工作的人，往往精神萎靡不振，从而事事不顺，这种不顺又反过来让他们进一步精神萎靡不振。当一个人能充分感受到工作和生活的乐趣时，他一定会像工匠一样斗志满满地挑战困难，勇攀高峰。

怎样才能让生活充满乐趣呢？首先得爱上自己的工作，真心诚意地往自己从事的行业中投入热情。虽然工作不是生活的全部，但人每天花在工作上的时间与精力几乎占了整个非睡眠时间的一半以上。从这个角度说，一个人在这一大半时间内的精神状态，决定着其一整天幸福感的多少。热爱工作的人往往比较幸福，他们不担心自己的未来，也清楚自己想要的东西能通过何种途径得到，故而不会因为忧虑个人前途而胡思乱想，有更多的心力去品味生活的乐趣。

两弹元勋邓稼先，在祖国需要研制原子弹的时候，他毅然决然地参加了原子弹的研制工作。他不怕困难，经常带领工作人员到前线工作。他亲自到黄沙漫天的戈壁取样本，还冒着被辐射的危险监制原子弹。终于，在他和大家的共同努力下，原子弹试验爆炸成功了。那时的他不是为了得到什么勋章，也不是为了得到什么报酬，他是出于对国家的热爱，想为国家做出自己的贡献，希望自己热爱的工作可以为国家带来希望，也可以让自己的价值得以体现。

衡量一个人的成功，不是看他有多少的财富，而是在于他所创造的自我价值，在于他为社会做出的贡献等。人生的意义在于我们该如何去实现我们的自身价值，而我们的工作就是我们实现自我价值的最好机会。就像罗丹说的："工作就是人生的价值，人生的欢乐，也是幸福之所在。"

思考与分析

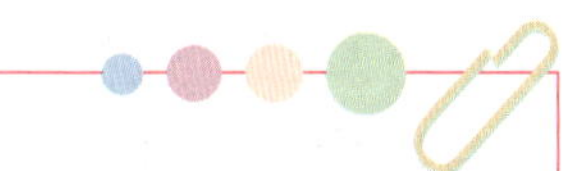

1. 怎样理解热爱自己的工作是成功人生的基础？
2. 为什么要热爱自己的工作？

学习情境二　工作无贵贱，都要珍惜

案例导入

前身为上海郊区青浦一家消防器材厂的上海华盛企业集团，是上海民营十强之一，如今资产已高达十数亿。2002 年 12 月，上海华盛企业集团成功收购了德国威尔兹钢瓶公司，成为第一家收购德国制造业企业的中国民营企业。不到一年，上海华盛企业集团就让这家有着70多年历史的德国老字号起死回生，成为德国汉堡市的新“明星”。华盛公司为何屡屡在世界上博得头筹，战胜别国？一个重要原因便是他们的员工精益求精，结合时代要求，关注着人们的需求，以工匠般的精神打造出优秀出众的产品。

中国为何能创造出“天宫二号”、“北斗”卫星等闪亮世界的科技？究其原因，缺不了研发团队的广博学识、严谨态度以及不可或缺的工匠精神。国家需要工匠精神，工匠精神创造国家辉煌，推动国家不断前进。

知识链接

2022年4月27日，“五一”国际劳动节到来之际，习近平总书记在致首届大国工匠创新交流大会的贺信中强调，我国工人阶级和广大劳动群众要大力弘扬劳模精神、劳动精神、工匠精神，适应当今世界科技革命和产业变革的需要，勤学苦练、深入钻研，勇于创新、敢为人先，不断提高技术技能水平，为推动高质量发展、实施制造强国战略、全面建设社会主义现代化国家贡献智慧和力量。

我们能看到接续发射的“北斗”卫星、“天宫”系列；看到美轮美奂的手工艺品和传统手艺；看到专注修复文物的工匠……他们存留了国家的历史记忆，国家的未来图景，正是有他们的存在，我们才可领略到祖国的风采。正是以“干一行、爱一行、钻一行”的精神做支撑，他们用巧手造就“慧眼”卫星遨游太空、“奋斗者”号载人潜水器深探万米海底、“复兴号”高铁疾驰南北、港珠澳大桥全线贯通……科学和技术密不可分，再高端的技术、再先进的设备、科技含量再高的产品，都离不开技术工人的操作生产。

一、劳模精神、劳动精神、工匠精神的基本内涵

工匠精神，是生产者、设计者在技艺和流程上精益求精，追求完美和极致，以质量和品质赢得行业领先和消费者信赖的精神。工匠精神体现了一种踏实专注的气质，在如切如磋、如琢如磨的钻劲背后，对品牌和口碑的敬畏之心。

强国建设，匠心铸就。从一枚螺丝钉的打磨，到精确到毫米级的工艺，小环节里有大学问，也能做出大成果。新征程上，大力弘扬工匠精神，重视发挥技术工人队伍作用，使创新才智充分涌流，就能凝聚起强大的创新动能，为实现经济社会高质量发展注入不竭动力。

劳模精神、劳动精神、工匠精神，是中国共产党人精神谱系的重要组成部分。在长期实践中，我们培育形成了爱岗敬业、争创一流、艰苦奋斗、勇于创新、淡泊名利、甘于奉献的劳模精神；崇尚劳动、热爱劳动、辛勤劳动、诚实劳动的劳动精神；执着专注、精益求精、一丝不苟、追求卓越的工匠精神。我们强调要大力弘扬劳模精神、劳动精神、工匠精神，中国共产党带领广大人民群众的劳动创造史，是劳模精神、劳动精神、工匠精神的形成发展史。劳模精神、劳动精神、工匠精神孕育于革命战争年代，形成于社会主义革命和建设时期，发展于改革开放时期，光大于新时代。劳模精神、劳动精神、工匠精神与我们中国共产党人的精神谱系中一座座“精神标杆”一起，为立党兴党强党提供了丰厚滋养，拓印出党从孕育诞生到发展成熟的辉煌历程。

劳模精神、劳动精神、工匠精神是鼓舞全党全国各族人民风雨无阻、勇敢前进的强大精神动力。实现奋斗目标，开创美好未来，我们必须弘扬劳模精神，做到爱岗敬业、争创一流、艰苦奋斗、勇于创新、淡泊名利、甘于奉献；实现奋斗目标，礼赞劳动创造，我们必须践行劳动精神，崇尚劳动、热爱劳动、辛勤劳动、诚实劳动；实现奋斗目标，争取人人出彩，我们还要坚守执着专注、精益求精、一丝不苟、追求卓越的工匠精神。

社会主义是干出来的，新时代是奋斗出来的。“十四五”时期，我国将进入新发展阶段，这是全面建设社会主义现代化国家、向第二个百年奋斗目标进军的阶段，在我国发展进程中具有里程碑意义。立足新发展阶段，贯彻新发展理念，构建新发展格局，推动高质量发展，必须紧紧依靠工人阶级和广大劳动群众，大力弘扬劳模精神、劳动精神、工匠精神，为实现全面建设社会主义现代化国家新胜利汇聚强大正能量。

具有工匠精神的人知道每个人都是社会的零件，都有着不可或缺的存在意义。无论在哪个岗位，做好自己该做的事情，就是对社会的极大贡献。况且，有为才有位，一个人如果不热爱自己的岗位，不肯在平凡之处奋发有为，根本不可能脱颖而出。经济高质量发展需要能工巧匠的高超技艺，社会文化需要弘扬精益求精的工匠精神。在平凡的岗位上创造精品和佳绩、展现价值和作为、收获幸福和快乐，应当成为每一位劳动者的共同心声和普遍追求。

这是一个呼唤劳动创造、鼓励拼搏进取的时代，也是一个有机会干事创业，更能干成事业的时代。让我们大力弘扬劳模精神、劳动精神、工匠精神，用劳动托举复兴梦想，靠双手开创更好明天。

工匠引领

刘兰普：小县城里的“大技师”

“干一行、爱一行，沉下心来，耐得住寂寞，真正下功夫去认真学习研究。”刘兰普自1995年进入莒州大众汽车维修有限公司以来，始终把“善于钻研、干就干好”作为自己做好维修工作的前提和要求。凭借着自身的努力学习、刻苦钻研，刘兰普连续多次在上海大众技能大赛中崭露头角。2010年，刘兰普一路“过关斩将”，以山东省第一名的资格成功入围上海大众举办的全国技术大赛决赛，并夺得全国第三名。2011年，刘兰普通过上海大众专家级技师认证，连续六年获得上海大众优秀技术经理称号，连续四年获上汽大众区域技术支持特别贡献奖。自2011年以来，作为技术中心站技术总监，共提出产品质量监控合理化建议报告60余篇，其中20多篇被上海大众售后技术支持发布于全网或被借鉴于产品开发部制定改进方案上。2015年获山东省有突出贡献技师称号。2018年获山东省“齐鲁工匠”提名。刘兰普以“匠心挚诚”为座右铭，坚持干一行爱一行，耐得住寂寞，能够下功夫认真去做，把事情做得更好。

（资料来源：微信公众号“莒县发布”。《刘兰普：从书呆子到技术总监》）

二、工作无贵贱之分

工匠精神要求我们要养成求真务实、勤奋敬业、积极进取的工作作风，以实实在在的成绩和一流的工作业绩，树立技能人才的形象。要增强工作责任感，提高工作的主动性，干一行爱一行，干一行专一行，干一行成一行。要从身边事做起，从平凡小事做起，在平凡的岗位干出不平凡的业绩。要勇于面对各种困难，善于从困难的环境中汲取营养、砥砺意志、自强自新。要有战胜困难的勇气、解决问题的决心、迎接挑战的气概。要发扬吃苦耐劳的精神，尽职尽责，扎实工作，把追求融入一件件具体的工作中去，把奉献体现在无尽的为人民服务之中去。

思考与分析

1. 劳模精神、劳动精神、工匠精神的基本内涵是什么？

2. 职业与职业没有高低贵贱的差别，但人与人却从来都有职业品质、专业精神的分殊。谈谈你对此的看法。

学习情境三　把敬业当成一种使命

案例导入

一名女大学生利用假期到一家著名酒店打工，她在这个五星级酒店里所分配到的工作是清洗厕所。当她第一天伸手进马桶刷洗时，差点当场呕吐，勉强撑过几日后，实在难以为继，遂决定辞职。但就在这时，和她一起工作的一位老清洁工，居然在清洗完成后，当着她的面，从马桶里舀了一杯水，喝了下去。这名女大学生看得目瞪口呆，但清洁工却自豪地表示，经他清理过的马桶，干净得连里面的水都可以喝下去。这个举动带给这名女大学生很大的启发，她看到了真正的敬业精神。任何工作，无论性质如何，都有理想、境界，都有更高的质量可以追寻，而工作的意义和价值，不在其高低贵贱，在于从事工作的人能否把重点放在工作本身，去挖掘或创造其中的乐趣和积极性。于是，此后在洗厕所时，女大学生不再引以为苦，将这份工作视为自我磨炼与提升的道场，每清洗完马桶，也总是在自问，我可以从这里舀一杯水喝下去吗？毕业后，这名女大学生果然顺利入职这家酒店工作，后来，她凭着敬业精神，成了这家酒店里最出色的员工和晋升最快的人。

敬业是一种使命，是一个职业人员应具备的职业道德，敬业所表现出来的就是认真负责，一丝不苟的工作态度。即使付出更多的代价也心甘情愿，并能够克服各种困难，做到善始善终。

知识链接

一、什么是敬业

敬业是成就事业的基石。敬业就是专心致力于工作，千方百计将事情办好。只有对职业有一种敬畏的态度，将自己的职业视为自己的生命信仰，才是真正掌握了敬业的本质。当敬业意识深植于我们的脑海，做起事来就会积极主动，并从中体会到快乐，从而获得更多的经验和取得更大的成就。懂得敬业、能够敬业是一个人在职场中提升自己、发展事业的前提，敬业所表现出来的积极主动、认真负责、一丝不苟的工作态度，是创立最佳工作业绩的有力保障。

敬业是一种极为宝贵的职业素养，它能使一个人变得更加优秀，从激烈的竞争中脱颖而出。在各行各业，只有全心全意、尽职尽责地敬业、乐业，才能为自我的职业提升创造更多的机会。

那么，究竟什么是敬业呢？简单来说，敬业是指一个人对工作的态度，哪怕是最不起眼的小事，也要负责任地把它做好。宋朝朱熹曾说过："专心致志，以事其业也。"敬业就是如此，即用一种恭敬严肃的态度对待自己的工作，认真负责、一心一意、任劳任怨、精益求精。

敬业精神是做好本职工作的重要前提和可靠保障，且中华民族历来有"敬业乐群""忠于职守"的传统美德。具备敬业精神的人热爱自己的本职工作，"干一行爱一行"对他们而言绝非口号。在社会上，特别是在工业企业里，有千千万万的工匠，默默无闻地为社会做贡献，成为行业里的先进人物、劳动模范。

以华为为例。华为创立人任正非曾说过，一代一代的华为人，他们是敬业的，又是乐观向上的。华为人热爱工作、热爱同事、热爱公司。在华为，敬业为魂、爱业为骨，是激励华为人不断努力奋斗的源泉，使他们在面对困难和阻碍的时候毫不胆怯、敢于克服。华为人热爱自己的职业，尊重自己的职业，不只是将工作当成谋求生计的手段，而是心怀理想、尽职尽责，在工作中寻找乐趣。这样工作起来就有了激情，有了动力，效率就会提高，才能在工作中不断进步，取得更大的成绩。

在华为，所谓敬业就是尊重自己的职业。当你学会尊敬、尊崇自己的职业，对自己的职业有一种敬畏心理的时候，你就具有了敬业精神。敬业，让华为员工在工作中有了使命感和神圣感，将职业当作自己的信仰。当你的职业成了你的信仰之后，你才会用心地去对待每一项工作，才能在工作的时候更有动力。一个人只有具有敬业精神，他才会成功。

为了能够提高员工的敬业精神，任正非提出了一系列的员工培训系统、员工管理系统等，使员工在任何时候都能够坚守岗位，牢记自己的职责，认真工作，取得更大的成功。当员工将全部的心力和精力投入工作中，才能在工作中如鱼得水，积累更多的经验，获得更大的成功，才能在工作中找到乐趣，实现自己的价值。

华为的一位欧洲片区负责人，常年在海外工作，每天的任务都很繁重，而且海外的市场拓展起来非常困难，其中的艰辛与心酸，外人不足以体会。这位负责人曾表示，一开始要耗费大量的时间来研究中西方的文化差异，详细了解欧洲人的生活习惯，解读他们不同于中国的思维方式，来制订如何和他们打交道、快速地融入他们生活圈子的计划。要吃透、钻透国外的一些商业模式，才能更好地向他们展示华为的产品，突出华为的优点。对国内的客户开发小组来说，如何和客户建立更好的合作关系，需要投入很大的心血，何况是在欧洲的西方国家，他们与我们在生活习惯、为人处世的方式等方面，有很多的差异。但就是这样在外人看来很辛苦的工作，这位后来成为欧洲片区副总裁的人却一点也不觉得辛苦，而且，他还在奋斗中体会到了快乐之处。随着公司规模的扩大，海外机构的运作系统得到完善，引入了更全面的客户管理体系，为很多在海外工作的华为员工提供了更大、更好的平台。

工作首先是一个态度问题，工作需要热情和行动，需要努力和奋斗，需要一种积极主动、自主自发的精神。正是因为有了这种热爱工作的态度，才能在艰苦的环境下，通过努力奋斗，在各种各样的困难面前屹立不倒。

深海钳工——管延安

管延安，中交一航局第二工程有限公司总技师，被誉为中国“深海钳工”第一人。他的一双手能让两个平面严丝合缝，用一把扳手就能使螺丝间隙小于1毫米。凭着这两项绝技，他安装的精密设备成功完成了26次海底隧道对接。先后参与港珠澳大桥、深中通道、大连湾海底隧道等多项国家重大工程。在港珠澳大桥建设中，和工友先后完成33节巨型沉管和6 000吨最终接头的舾装任务，手中拧过的60多万颗螺丝做到零失误。

取得如此高的成就，离不开管延安的一颗专注之心。谈到敬业，人们都会想到“干一行爱一行”这句话，但是在现实生活中，却很少有人能够做到。对管延安来说，他从事的职业，就如同陪伴了一生的伴侣，是他一生都不能放弃的“挚爱”。正是这种对本职工作的热爱，对技术的专注，让管延安能够一直奔跑在路上，哪怕只有初中文化，也能成为这个领域里最权威的师傅。

工匠的敬业意识源于对事业的激情。因为热爱，所以愿意刻苦钻研；因为自豪，所以不为各种诱惑所动摇。他们只会为自己学艺不精而知耻后勇，从不否定自己工作的价值。具备工匠精神的人总是坚信自己的工作对他人、对社会有很多益处，为此，他们会忘却工作的辛苦，在忙碌中保持一颗快乐的心。

一个人倘若没有敬业精神，就没有自己立足的空间，这已经是现代社会的一条“铁律”，在任何行业、任何地方都不容置疑。人唯有敬业，才能提高自己的业务能力，才能为自己未来的发展打下良好的基础；唯有敬业，才能保住自己的“饭碗”，不至于被社会淘汰。

（资料来源：来自齐鲁壹点。《管延安：从农民工到“深海钳工”，拧过的60万颗螺丝零失误》）

二、敬业精神的体现

具体来说，踏踏实实地工作是敬业精神的基本表现。除此之外，人们还需要注意其他一些方面：对工作要有耐心、恒心和决心。任何事情都不能一蹴而就，因此，人们在工作中要做到不计较个人得失，勇于吃苦耐劳，踏实肯干。人不可只凭一时的热情、“三分钟的热度”去工作，也不能在自己情绪低落时，对工作马马虎虎、应付了事。人无论做什么事，都不能轻易放弃，一定要坚持到底，再苦再累都要尽力做好。

思考与分析

1. 怎样理解敬业是成就事业的基石？
2. 敬业精神如何体现在日常工作中？

学习情境四　技艺并非一朝一夕练成

案例导入

晨光中的港珠澳大桥飞架海面。2018 年 10 月 24 日，历经 6 年筹备、9 年建设，全长 55 公里的港珠澳大桥正式通车运营。港珠澳大桥是当今世界最长、规模最大、标准最高、技术最先进的跨海集群工程。大桥建成通车实现了珠海、澳门与香港的陆路连接，极大便利了三地人员的交流和经贸往来，提升了香港与珠三角西部地区之间的通行效率，对促进粤港澳大湾区的发展，全面推进内地与香港、澳门互利合作，具有重大意义。

港珠澳大桥涉及海底隧道有 5.6 公里，建设难度极大，被业内成为桥梁界的“珠穆朗玛峰”。为了实现精准对接，建设者创新提出并建立“双线形联合锁网”的布测方法，攻克了外海深水超长沉管安装高精度定位的测控难题，实现沉管隧道“毫米级”对接，将我国沉管隧道安装技术推向世界高峰。伶仃洋海域气温高、湿度大、海水含盐度高，工程主体的钢筋混凝土构件极易因氯离子、化学介质侵蚀等而被破坏。建设者研究出一套在海洋环境下建造大桥、隧道的结构耐久性定量设计和建造技术体系，奠定了海洋工程 120 年长寿命、高品质建造和安全运营的科学技术基础，被国内外同行称为“港珠澳模型”“港珠澳参数”。

知识链接

一、技艺的修炼

高超的技艺是工匠的首要标签。人们评价一名工匠是否优秀，首先看的是他们的手上功夫。技术领域容不下半点虚夸，没有金刚钻的人，根本揽不动瓷器活。

“百炼成钢，淬火成金。”然而，每种技艺都不是一朝一夕成就的，而是背后匠人通过不懈努力达成的结果。无论是古代手工业还是现代制造业，工匠都是按照技术能力来分工的。只有具备某道工序所需的技术素养，才会被批准从事该工序的工作。大师级的工匠也是从最基本的环节做起的，每学会一门技术就多接触一道工序，这样逐级递进，直到掌握全部的技术与工艺流程。“不积跬步，无以至千里，不积小流，无以成江海。”优秀的技能不是一朝一夕就能练成的，而是在平常不断练习、不断培育中慢慢形成的。由此可见，工匠的成长之路具有严谨性、有序性、科学性，想要一步登天是不切实际的。如果想成为高级技术专家，唯一的出路就是持之以恒、勤学苦练。

人们常用“鬼斧神工”与“巧夺天工”来形容大师级工匠的精湛技艺，却忽略了那种投入大、产出少的笨功夫。殊不知，不肯下“笨功夫”就练不出“硬功夫”。“熟能生巧”是个硬道理，掌握技巧的前提就是技术熟练。任何具有传奇色彩的工匠，都少不了一番勤学苦练的经历。毫不夸张地说，他们身上那些令人赞叹的顶尖技术，都是无数笨功夫累积而成的质变。

古代中国各行各业都有祭拜祖师爷的习俗。祖师爷大多是本行业的创始人或杰出代表，如木匠行业与建筑行业的祖师爷就是大名鼎鼎的能工巧匠鲁班。作为传奇工匠，鲁班大师下的“笨功夫”远超人们的想象。

勤学苦练的鲁班

鲁班，又名公输盘，春秋时鲁国人。他并不是中国历史上第一个木工，却有着其他木工难以比肩的高超的手艺。据说他是钻、刨子、锯子、铲子、曲尺、墨斗、鲁班锁的发明者或改良者。这位祖师爷级的奇人是怎样成长为绝世工匠的呢?

鲁班年轻的时候，决心要上终南山拜师学艺。他翻越了九十九座大山，蹚过了九十九条大河，经过了九百九十九条道正中的那一条，才见到了隐居深山的木工大师。师父并没有一开始就教他工匠手艺，而是先让他把钝了的斧头、刨子、凿子磨快。鲁班二话不说，磨了七天七夜，把这些工具磨得非常锋利。师父还是没教他手艺，而是让他把门前那棵几个人才能合抱的大树给锯下来。鲁班没有畏难情绪，默默地锯了十二个日夜，终于把大树锯倒了。师父又让他把大树砍成一根光滑圆润的梁柱。换作别人，可能早就不耐烦地放弃了，鲁班却没问缘由，又认真地砍了十二个日夜，完成了任务。没想到，师父检查了梁柱以后，又要求鲁班在梁柱上凿两千四百个小孔，而且必须是方孔、圆孔、三角孔和扁孔，整整齐齐地各凿六百个。等鲁班一丝不苟地做完这件事时，又是十二天之后了。

师父对鲁班的表现非常满意，便将他领进屋里。只见屋中摆满了各种精致的建筑模型与家具模型，鲁班看得惊叹不已。师父要求他把所有的模型都拆开再装回去，然后就离开了。就这样，鲁班每天都扎在屋里研究各种模型，他把所有的模型都拆装了好多遍，熟悉了各种木器与建筑的构造。不知不觉中，三年过去了。师父一把火烧掉了所有的模型，然后让他全部再造出来。鲁班顺利地通过了这次难度极高的考试，后来又按照师父的新构想做出了许多新作品。

至此，鲁班就出师了，成了天下公认的能工巧匠，被历代工匠尊为祖师爷。

鲁班花大量时间做这些单调枯燥的重复工作，都是在训练基本功。他的师父很睿智，没有急于传授技艺，而是让鲁班通过做任务来熟练掌握工匠的基本技法，让他熟能生巧。别小看这些“笨功夫”，任何眼花缭乱的技术都可以分解为简单的基本技巧。基础扎实的人学东西牢固，还能举一反三，而基本功差的人只能练成半吊子。

在鲁班完成第一阶段的训练后，师父又开启了新一轮的基本训练。作为工匠，只有充分了解各种建筑、器具的结构，才能做出像样的作品。师父让鲁班把模型拆了再装，看似没教什么东西，但鲁班在动手的过程中需要思考琢磨，最终才能领悟制作各种器具的关键。

这两个阶段的基本功训练并不需要多么高深的技巧，恰恰需要耐得住寂寞与枯燥的坚持精神。而这一点，正是当代人非常缺乏的一种素养。在中国航天科工三院 33 所，有一位大师级的钳工——巩鹏，他的真实经历诠释了大师级工匠是怎样练成的。

（资料来源：参考自百度百科。《鲁班学艺》）

导弹精确制导研磨师——巩鹏

巩鹏，中国航天科工集团第三研究院钳工。说起巩鹏，单位的同事都会说同样一句话：“他的手可真巧！”可真正了解他的人知道，这双巧手可不是随随便便练成的。

1988 年，18 岁的巩鹏从技校毕业后，进入三院 33 所的精密机械厂做钳工。在刚参加工作的一两年里，巩鹏在对徒弟要求非常严格的老师傅秦井芳的指导下，几乎天天

练习使用大板锉。上班期间，相应的工作任务一完成，他就拿起锉刀开始练习；业余时间，同事都出去玩了，他依然猫在车间里坚持练习。练锉是一件非常枯燥的事。日复一日、年复一年，把枯燥变为乐趣，把辛苦当作历练，暑往寒来的循环中，不知不觉地完成脱胎换骨的蜕变，他手工研磨的误差为0.000 3毫米，相当于头发丝的千分之三。在一次技师技能竞赛中，要将一只直径为30厘米的铁棒锉成一个厚27厘米的六方体，这样的要求让各单位层层选拔出来的好手们都放弃了，整个赛场只留下巩鹏一人。他用锉刀在产品上成千上万次地锉着……整整8个小时，最终产品质量完全符合要求。巩鹏用一双猩红、皮肉模糊的手拿到了钳工组第一名。

凭着对钳工无限的热爱，巩鹏深入琢磨加工手法，发明或改进加工设备，其发明的"巩氏攻丝机"、改进的"巩氏研磨法"等技术享誉行业内外，保证了国防装备、"嫦娥"任务等航天关键任务产品的精度和产能，为单位创造的效益以千万计。

（资料来源：《大国工匠》。《导弹精确制导研磨师——巩鹏》）

二、工匠技艺对现代社会的影响

首先，工匠技艺是推动现代制造业升级和转型的重要力量。随着科技的不断进步，现代制造业对工匠技艺的要求也在不断提升。拥有高超技艺的工匠们能够运用先进的技术和工艺，提高产品的质量和生产效率，推动制造业向更高层次发展。

其次，工匠技艺对促进现代社会的创新发展具有重要意义。工匠们凭借精湛的技艺和丰富的实践经验，能够不断挖掘和创造出新的产品和技术，为社会的创新发展提供源源不断的动力。他们的创新精神和创造力，是现代社会持续发展的重要支撑。

思考与分析

1. 鲁班学艺的故事，说明了什么道理，给我们怎样的启发？
2. 谈谈对"劳动光荣，技能宝贵，创造伟大"的理解。

学习情境五　把工作当成一份事业

案例导入

2002 年，30 多岁的吕锦叶离开东北，“漂”到北京。两年之间，她换过很多工作，做过商场的理货员，当过工厂的验货员。2004 年 2 月，吕锦叶来到中国石化北京石油朝英加油站应聘。令她没想到的是，加油站竟成为她人生最重要的起点。“会不会干？”“会！”至今，吕锦叶仍然记得当时面试记账员工作的场景。高中毕业，从没摸过计算机的她，不知哪来的勇气，一个“会”字就把自己“磕”上了石油路。她把过往账本拿出来反复啃，把废旧键盘带回家反复练……一个月之后，吕锦叶把口中的“会”变成真正的“会”。三年之后，她竞聘成为周庄站站长。担任站长后的吕锦叶对自己的要求更高了，她利用每一个碎片时间，钻研经营管理知识。2015 年，已经 42 岁的吕锦叶利用每周倒休的时间参加了市场营销专业石化大专班学习，并成功拿下大专文凭，圆了自己的“大学梦”。从加油学起，抄泵码、计量、填写加油记录；从朝英站、周庄站到日坛站再到十里河站，从农民工到结账员到站长，从“北京市劳模”到“全国劳动模范”，她干一行爱一行，从一个连计算机打字都不会的加油员，用 13 年时间获得了劳动者的最高荣誉——全国劳动模范。在吕锦叶的影响和带动下，一批批员工成长起来。她一共培养出 6 名站长、3 名副站长、1 名技师和 6 名高级工。“把工作当成事业干，把困难当成机遇抓，美好生活就是这样奋斗出来的。”这是吕锦叶常说的一句话。

知识链接

一、工作当成事业

有人把工作定义为“事业”。把工作当成事业的人，会像古代石匠一锤一凿地刻出龙门石窟那样，虔诚地做好每一项工作。

谁都不会把一件自己尊敬不起来的工作当成事业来做，人只会为自己真心肯定的事物呕心沥血。正如工匠不屑于做自己不喜欢的东西，心中只有那些想起来就会让他们激动不已的伟大作品。爱岗敬业表面上是把感情倾注在工作上，其实换个角度看，爱岗敬业的人敬爱的不只是自己投入心血的事业，更是那个对生活充满干劲的自己。

伟大的工匠兼具冰山一般的冷静与火山一般的热情，归根结底就是工匠对工作与事业又敬又爱。他们坚信自己在铸就辉煌，绝不允许自己半途而废。从平凡的岗位起步，不断精进，一路前行，百折不挠，务求让自己发挥出最大的价值。

要把工作当成自己的事业来做，对工作充满责任感和使命感，将自己的利益跟企业的利益紧密联系在一起，同企业荣辱与共。只有担负起自己肩上的那份使命，个人才能与企业共同成长，从而成就自己的一番事业。不要把自己当成企业的一个过客，要把工作当成人生的一段旅程。

千丝万缕引线人 穿纱“巧匠”——赵巧娟

赵巧娟是浙江省海宁市宏达高科经编车间一位普通的员工，她乐于奉献、不怕辛劳地在自己的岗位上辛勤工作，在穿纱工的岗位上默默坚守了30多年。穿纱，是把纱线手工传到导纱针上，再开始纺织。穿纱工的效率影响着整个流程，动作越快产量越高。600根左右为一个盘头，7个盘头为一套，4 200个针头要在20分钟里全部穿好，平均每小时要完成1.2万根纱线。为了提升工作效率，赵巧娟不断练手速、练眼力，最多的时候要连续不停穿上8个小时。凭着踏实苦练，赵巧娟练就了一双巧手。2013年，在全国纺织行业“润源杯”经编工职业技能竞赛中，赵巧娟凭借精湛的技艺获得单项第一名。2018年，她与研发人员一起成功开发出国产汽车绒，填补了国内市场的空白。赵巧娟信奉这样一句话：“我们取得的成绩，和辛勤的劳动是成正比的，一分劳动就有一分收获。”从穿针引线的穿纱工到全国纺织行业技术能手，勤奋让“巧姐”手巧心也巧，铸就“织女蝶变”之梦。赵巧娟虽没有豪言壮语，却用辛勤劳动、无私奉献让自己的人生闪耀着别样的光辉。30多年的一线坚守，30多年的踏实学习，见证了她的成长之路，也见证了全国五一劳动奖章获得者的敬业风范。

（资料来源：中国网。《【中国梦·大国工匠篇】千丝万缕引线人 穿纱“巧匠”——赵巧娟》）

二、爱岗敬业的工匠精神

（一）坚持以“常学”为核心，学习“爱岗敬业、奉献社会，精益求精、追求卓越，弘扬文化、传承文化”的工匠精神

第一，学习工匠精神所蕴含的“职业道德”。“爱岗敬业、奉献社会”是工匠们从事制造的出发点和落脚点，是最根本、最深层、最强劲的动力来源。追求崇高的职业理想，热爱自己从事的职业，不谋个人私利、杜绝急功近利，将个人价值的实现同推动国家、社会的繁荣发展紧密联系在一起。

第二，学习工匠精神所蕴含的“职业态度”。“精益求精、追求卓越”是工匠们在制造中保证自己的产品所要达到的精度和高度，是一以贯之的信念和信仰。《诗经·卫风·淇奥》中“如切如磋，如琢如磨”的诗句，淋漓尽致地体现出中国古代工匠精益求精、精雕细琢、千锤百炼的品质，其本身就是一个对产品系统性和全面性思考、研究、探寻的漫长过程。

第三，学习工匠精神所蕴含的“文化内涵”。“弘扬文化、传承文化”是工匠们从事制造的灵魂和精髓。中国传统文化中处处展现着工匠精神的影子，不断传承和发展中华优秀传统文化的精工巧匠和大国工匠，打造出了更多享誉世界的中国特色、中国品质、中国品牌。在新时代我们应坚持古为今用，自觉延续文化基因，弘扬中华优秀传统文化。

（二）坚持以“常新”为动力，贯穿具有“创新意识、创新思维、创新素质”的工匠精神

“苟日新，日日新，又日新”，这是古人的创新理念。

第一，创新意识。观念是行动的先导。应将工匠精神内化为创新能力的指导思想，应意识到“创新”不仅能提升个人能力，还与个人的未来职业规划息息相关，更应意识

到创新对民族振兴和国家发展的重要性。

第二，创新思维。应重视创新思想价值体系的构建，自觉融入工匠精神创新思维的训练，思维模式应经常随着周围环境的变化而变化，突破固定思维定式，不能闭门造车，持续训练发散思维和逻辑思维，树立正确的认知态度。

第三，创新素质。应积极锻炼自身发现问题、分析判断、解决问题的能力和发明创造的创新素质，具有随机应变的智慧和能力，成为敢于创新、勇于探索、乐于实践的职业人。将工匠精神融入创新创业教育计划中，潜移默化地深化对工匠精神的理解、体验并认同、力行，真正实现教育的实效性。

（三）坚持以“常行”为关键，践行“传承精神、榜样引领，团队精神、共同协作，时代精神、爱国情怀”的工匠精神

第一，“榜样行”。践行“传承精神、榜样引领”是培育工匠精神的重要方式。一方面，通过邀请科学家、时代楷模、企业家、大国工匠等先进典型进校园，把鲜活的工匠精神带入校园，发挥榜样人物的引领作用；另一方面，用身边人、身边事教育身边人，凝练出他们身上工匠精神的可贵品质，在学榜样、做榜样的过程中，逐步掌握自我教育、自我管理、自我服务、自我监督的能力，将工匠精神融入日常的学习、生活、工作的过程中去。

第二，“团队行”。践行“团队精神、共同协作”是培育工匠精神的重要抓手。一方面，通过积极整合校内外资源，联系企业和科研院所，创新协同育人的实践教育机制，学习企业精神、融入企业文化，并积极主动向优秀员工学习工匠精神；另一方面，学会共同协作、沟通交流、优势互补、强强联合、及时总结，激发出团队合作的最大效益，真正把工匠精神落到实处，努力成长为新时期新一代的工匠人才。

第三，“报国行”。践行“时代精神、爱国情怀”是培育工匠精神的重要目标。要将工匠精神融入平日学习中，激发学习热情和学习动力，刻苦学习文化知识，认真钻研业务，在“勤”字和“细”字上下功夫，学会“慢工出细活”，掌握扎实的专业知识和技能本领。

从“常学”到“常新”再到“常行”，这是一个循序渐进、内化于心、实现自我的过程。工匠精神让我们所处的社会充满了魅力和激情，中国需要越来越多的具有“工匠精神”的优秀人才，共同为建成富强民主文明和谐美丽的社会主义现代化国家、实现中

华民族伟大复兴的中国梦做出更大的贡献。

思考与分析

1. 你如何理解爱岗敬业？

2. 有人把工作当成挣钱的工具，有人把工作当成一份事业，如何评价？

3. 你所学的专业是什么，所对应的行业先锋人物有哪些？他们的技艺是怎样练成的？

活动与实践

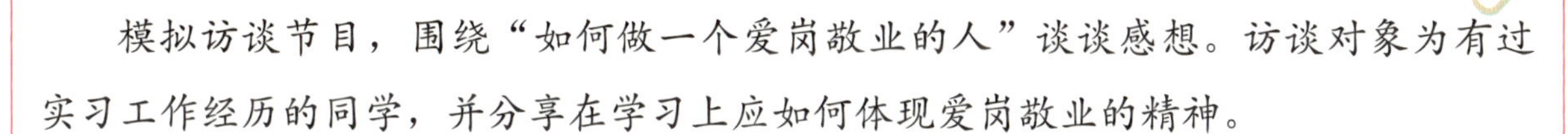

模拟访谈节目，围绕“如何做一个爱岗敬业的人”谈谈感想。访谈对象为有过实习工作经历的同学，并分享在学习上应如何体现爱岗敬业的精神。

专心致志 苦练本领

专心致志、苦练本领是工匠精神的特质。工匠专心致志地投入自己选择的事业，他们潜心钻研技艺，对工作一心一意，心无旁骛地享受着产品在双手中升华的过程（见图3）。他们有着自己独特的精神世界，不受世俗干扰，不为名利所惑，耐得住孤独和寂寞，只专注于自己的目标。

图3 陶韵

（图片来源：学习强国。《鉴往知来，跟着总书记学历史|陶韵传千年，瓷路行万里》）

学习目标

1. 培养学生执着专注的工匠精神，使之成为一名在职业领域发挥优秀的人才。
2. 在扎实基本功的基础上，在工匠之道上做到精益求精、严谨求实、一丝不苟。

学习情境一 从专注开始，达到专业

案例导入

鲁迅是中国现代文学的奠基人，他以其深邃的思想、犀利的笔触和坚定的革命精神，赢得了广泛的赞誉。他的一生充满了对文学、对社会、对人民的深深热爱和专注。

鲁迅在工作时常常全神贯注，有时甚至达到了忘我的境地。有一次，一个小偷溜进了鲁迅的家，想要等他入睡后再行窃。然而，鲁迅一直在写作，手中的笔不停地挥动，灯光也一直亮着。小偷等待了很久，见鲁迅仍然没有熄灯入睡的迹象，最后只能趁鲁迅专心写作时，悄悄地从厨房里拿走了一件小东西。这个故事生动地展现了鲁迅在工作时的专注程度。

鲁迅在创作或校对文稿时，常常沉浸在自己的世界中，几乎忘记周围的一切。有时他会连续工作数小时，甚至忘记吃饭和休息。当家人或朋友试图与他交流时，他可能会因为太过专注而未能及时回应。

此外，鲁迅在主编刊物时，不仅亲自组稿、审稿，还亲自校对书稿。他对待每一个字、每一个标点都极其认真，不容许有任何差错。有时，他会反复修改和校对，直到自己满意为止。这种对工作的专注和认真，使得他主编的刊物质量极高，深受读者喜爱。

鲁迅的这种全神贯注的工作态度，不仅体现在他的文学创作和编辑工作中，也贯穿于他的整个职业生涯。他的专注和投入，使他能够在有限的时间内创作出大量优秀的作品，为中国现代文学的发展做出了巨大的贡献。

这些案例都充分展示了鲁迅在工作时的全神贯注和专注精神，值得我们学习和借鉴。无论是在学习、工作，还是在生活中，我们都应该像鲁迅一样，保持专注和投入，追求更高的目标和成就。他的这种精神不仅值得我们学习，也激励我们在自己的领域里追求卓越，实现自我价值。

一、专注的意义

专注才能更专业。一个不能专注的人，注定将是一个一事无成的人。

试想有这样两个人：一个学识不够、天分不高、才智不好，但有一点，十分专注于既定的目标，努力奋斗，终其一生。而另外一个，虽说头脑灵活、智商又高，但自己的注意力分散，做事顾头不顾尾，最后是什么都在干，但什么也没干好。可以断言，前者将会取得更多的成就，因为没有任何东西可以代替专注这一品质。如此，专注终能使自己在行业里成为能手。

专注是工匠最宝贵的品格之一。不能保持专注是工匠的大忌，也是降低效率的头号杀手。于纷乱喧嚣中保持浑然忘我的状态，把所有的智慧与心力聚焦于手头的工作，是工匠最令人肃然起敬的地方。专注就是集中精力、全神贯注、专心致志、坚持不懈。专注不是三天打鱼、两天晒网，专注不是一分一秒，专注有时需要 1 年、10 年、20 年、50 年，多年如一日地把一件事情做好，把一件产品做完美。专注是集中了时间、集中了精力、集中了资源、集合了智慧做好一件事，做完美一件产品。正因为专注，所以才能最大限度发挥自己的积极性、主动性、创造性，创造出最好的产品，达到专业。

在专业化程度越来越高的现代社会，工作对个人的知识和经验不断提出更高、更广、更深的要求。自诩为“万物灵长”的人类，有时都难以自持，做事左顾右盼、三心二意者并不在少数。我们太容易为一些琐碎之事分散精力，等到处理完琐事、回归本初目标时，又要再浪费些时间收心。如此三番两次，人生的大目标也就慢慢消逝，成了遥不可及的事。

一个做事总是摇摆不定、变来变去的人，只会使长时间积累的经验和资源在自己的摇摆和变动中渐渐消逝，无法强化自己的专业知识，无法形成自己的核心竞争力，最终也就无法超越他人，更别提成为行家里手了。事实证明，一个人若离开原来的工作转而从事新的工作，那他多年所积累的资历、经验和人际关系等会损失掉一大半。这样的人在事业上是很难站稳脚跟的。

当然，年轻人在事业的开端有多个目标是无可厚非的，但是在经过一段时间的摸索后，总要确定一个适合自己发展的目标。如果确定的目标被证明是正确的，那就应该像卫星导航一样，坚定不移地为目标而奋斗。同样，当确立了自己的工作目标后，那就一定要为了实现目标而努力奋斗，把工作做到位，绝不能心浮气躁、好高骛远，这山望着那山高。只有朝着目标，专注地去做，才能在所从事的行业有所成就，甚至成为行业的专家。薛克同就是这样做的，从一名技校学生成长为国内行业顶尖的高级技师。

沂蒙轴承第一人——薛克同

薛克同，临沂开元轴承有限公司的一名员工，1985 年考试合格，被录取进入沂南县轴承厂轴承中专班，并以优异的成绩顺利毕业，后被分配到沂南县铸钢厂，从此便深深地爱上了这个岗位。在铸造配料技术已日渐成熟的基础上，他开始尝试掌握其他工种的技能，因为要成为一个部门的骨干，只掌握一门功夫还远远不够，所以要挤时间积极地跟其他工种的师傅学习。经过不断地努力，他先后又掌握了模具造型、中频感应电炉的维修，混砂机、抛丸机等设备的修理维护技能。不到一年时间，薛克同在设备维修方面就能独当一面，被工厂领导任命为车间副主任，负责车间设备修理等工作。

1989 年，随着工厂转型，他被分配到公司技术部门工作，更是如鱼得水。因为在中专班时他学的就是机械加工专业，包括轴承设计、加工等学科，并从此与轴承结下了不解之缘。薛克同带领公司科技人员努力钻研业务，并开设新产品 200 多个型号，受到公司领导和机械科研系统的多次表扬及奖励。其中，1991 年自行设计的 512205E 圆柱滚子轴承，被省科技厅有关专家确认为是填补了国内空白，达到国内先进水平，被评为省机械系统科技进步三等奖。1994 年自行设计的 9168404 角接触推力球轴承，被评为市机械系统科技进步三等奖。

2002 年，公司销售部门带回信息：根据汽车市场需求，目前急需替代产品 30204BE、30305C 圆锥滚子轴承。薛克同三天两夜未合眼，自行设计上述两类圆锥滚子轴承，最终圆满完成了公司交给他的任务。新产品投放市场后受到了客户的好评，同时该新产品被评为市科技进步二等奖。

后续他又根据市场需求研制开发了 DU4080 双列圆锥滚子轴承，该轴承主要用于中、高端乘用车后桥，其特点是负荷量大、旋转精度高、使用寿命长。薛克同动用了各种设计方法，同时采用 CAD 优化对比设计，用了近一个月的时间终于完成了图纸设计。

然后技术部门一起跟进整个加工过程，验证每道工序工艺及工装的可行性，经过近两个月的时间，终于保质保量按时完成任务。

薛克同自行设计的圆锥滚子轴承内滚道超精用内支撑，彻底解决了轴承行业普遍存在的内孔磨痕课题，这一技术获得了国家专利，并为企业带来了丰厚的利润。

通过个人的努力与学习，薛克同先后取得了“金蓝领”培训资格证书、机械行业界“高级技师”证书，并荣获“临沂市突出贡献技师”“沂蒙先锋”等荣誉称号。鉴于出色的成就，他先后被聘任为中国轴承工业协会技术委员会产品设计与应用专业委员会委员、全国滚动轴承标准化技术委员会（SAC/TC98）委员。

人本来有很多力量去完成很多事情，可惜生活中有太多的干扰与诱惑，分散了人们的力量，限制了人们的进步。工匠最令人着迷的地方，就是几十年如一日的专注。老子曾在《道德经》中告诫人们“致虚极，守静笃”。“致”是达到的意思，前半句的意思就是达到极点、毫无杂念，后半句意思是保持笃定、不受干扰。全身心地投入工作，地动山摇也目不转睛，眼里只有要完成的工序，这不仅是最高效率的做事方法，也是一种深厚的精神修养。其实，工匠并不都是全知全能的奇才，他们只是善于把自己的力量聚焦于最重要的方向而已。能做到竭尽全力专注的人，同样可以激活自身的潜能。

在这个注意力稀缺的年代，专注的人可以不断突破自身的瓶颈，达到更高的标准。专注的企业则可以赢得互联网经济的主动权，成为行业的领跑者。大家总是担心自己落后于日新月异的互联网社会，却没意识到这种焦虑情绪会让自己的力量变成了一盘散沙，想要解决这个困境，唯有培养工匠式的专注力。作为中职生的同学们更要提早培养自己工匠式的专注力，不仅要提高自制力和抵御诱惑的意志力，还要有高层次的自律，专心致志学习专业知识，苦练技能，更要合理规划时间，文明使用网络，适度游戏。那些沉迷网络游戏、好吃懒做、盲从攀比的人，注定会一事无成。

二、专注的方法

专注说起来容易，做起来却并不是那么简单。由于各方面的原因，大多数人所从事的工作都不是自己的兴趣所在，即便是自己感兴趣的工作，也会因为事业所经历的痛苦或瓶颈期而变得无法专注，从而产生厌恶甚至放弃的念头。因此，要想让自己成为一个合格的工匠、真正的行家里手，那就不妨试试“自修”。

首先，保持对工作的兴趣，干一行爱一行，而不是爱一行才干一行。将自己的工作当作是自己喜欢的事情，那样才会感觉身心舒畅。虽然每个人都想从事自己喜欢的工作，但很少有人能够碰到自己喜欢的工作。即使学喜欢的专业，也未必在毕业后就能从事自己喜欢的行业、进自己所期望的公司，所以有很多人从事的是自己不喜欢的工作，但又不能因为自己不喜欢而不去工作。因此，最好的办法就是干一行，就去爱一行，投入自己的全部精力，让自己专注，以达到专业。

其次，放平心态，学会自我激励。兴趣是最好的老师，激情是最大的动力。虽然现在很多公司的管理，都有激励员工的内容，但一切的外力，都不如发自内心的动力。在工作中，一切问题的根源都是心态，保持良好的心态及培养积极健康的兴趣对工作是非常重要的。一旦人们对自己从事的工作产生兴趣，就能点燃激情，让自己更专注地投入，日子久了就更专业，从而有可能成为所在行业的专家。

最后，静下心来，沉思厚积。如今，高度紧张的生活节奏，日益激烈的竞争环境和纷繁复杂的各类事情，都影响着人们的专注力。在日常的工作生活中，要静得下心，沉思冥想，获取创意和灵感。对一般人来说，沉思冥想是让自己专注于一件事的最好方法。如此，就能积累方法、总结经验，更有助于自己成为行业不可或缺的专家人才。

思考与分析

1. 专注与效率矛盾吗？怎样做到专注与效率的平衡？

2. 专注能够为我们带来哪些价值？

学习情境二　摒弃杂念，全力以赴

案例导入

李万军，高级工人技师，中车长客股份公司首席操作师。他从小就对各种手工艺活动有着浓厚的兴趣，展现出过人的绘画天赋，并在高中时期报考了工艺美术学校，开始正式学习传统工艺技艺。而后，他选择了回到家乡，从事传统工艺技艺的创作和传承工作，将传统技艺与现代元素结合，创作出了一系列美轮美奂的艺术品。

但更为人们所熟知的是他在高铁焊接领域的贡献。李万军在 1987 年 8 月加入了原长春客车厂，开始了他的职业生涯。他始终坚守在轨道客车转向架焊接岗位，苦练技术和攻克难关，迅速成长为公司焊接领域的技术专家。他拥有碳钢、不锈钢焊接等六项国际焊工资格证书和国际焊接技师证书，其精湛的焊接技术为我国的高铁事业做出了巨大贡献。

在焊接领域，李万军凭借自己的技艺和智慧，创造出了多项操作法，并带领团队完成了多项技术创新。他主持并参与了我国几十种城铁车、动车组转向架的首件试制焊接工作，解决了多个技术难题，为我国高铁事业的发展提供了有力的技术支持。

他坚守初心，持之以恒。在中车长客工作的 34 年里，李万君始终坚守在焊接岗位一线，从一名普通焊工逐渐成长为我国高铁焊接专家。在这个过程中，他摒除了外界的纷扰，专注于自己的焊接技艺，不断钻研、提升，最终取得了显著的成就。

他追求卓越，不断超越。李万君坚信“用智慧和技能把手中的产品不断升华，最后达到极致，变为艺术品”，这就是他所追求的工匠精神。为了达成这一目标，他全身心投入工作，对每一个焊接细节都做到精益求精，不容许有丝毫的马虎和妥协。

他具有爱国情怀，以国家和人民的利益为重。李万君认为，工匠精神是一种以振兴中华为己任、自觉报效祖国的爱国情感。因此，他在工作中始终保持着高度的责任感和使命感，为国家的高铁事业做出了杰出的贡献。

李万君在工作中将摒弃杂念、全力以赴的精神体现得淋漓尽致。他用自己的实际行动诠释了什么是真正的工匠精神，为我们树立了一个光辉的榜样。

知识链接

一、杂念的含义

所谓杂念，就是种种忧虑、不纯正的念头。人要想生活得舒适快乐，取得成功，那就要拥有正念。不可否认，所有人的成功都需要一个过程，工匠也不例外。很多人不快乐的根源在于贪念太多，做得却又太少，形成了先得后舍的念头，而非先舍后得的正向观念，从而困顿于自己的抱怨中无法自拔。

工匠精神至关重要的一点，就是心无杂念，就是一心一意，集中所有的力量于自己的手艺，让自己的手艺日日精进，并最终达到极致的高度。这和订书针是一个道理。一沓纸，再锋利的刀也不能一下子切透，小小的订书针却能一下子穿过厚厚的纸面。这就是专注的力量，把所有的力量都集中到了一点上。做工作也是一样，要集中所有的力量到一个点上，去除杂念，抛却三心二意，就能事半功倍，效率大增。如果杂念丛生，精神无法专注，不仅影响做事的效率，还会让人平添诸多烦恼，无法专心做事，自然也就难以有所成就。

二、如何摒弃杂念

摒弃杂念就是把多余的念头像剪枝杈一样大刀阔斧地剪掉，只保留最重要的主干。这是一个全球经济横行的时代，人们的目光很容易被过剩的信息所吸引。尽管大家经常活跃在社交媒体当中，但并不会逐字逐句地认真读完所有信息。在信息传播如此发达的今天，谁都不想被贴上“后知后觉”的标签。这又驱使大家投入过多的精力去追踪热点，而难以沉下心来消化已经掌握的信息。

杂念越积越多，精神越发涣散。在这场过剩信息追逐战中，被新消息牵着鼻子走的人永远在疲于奔命，而那些坚持“你打你的，我打我的”的专注者则不受浮光掠影的迷惑，不被无关信息干扰，只在自己选择的道路上不断取得突破。摒弃杂念，全身心投入。想要创建不凡的业绩，都必须越过这道坎。

人们需要拥有一点大智若愚的清醒。大智若愚的人只是看起来“若愚”，事实上，他们非常善于动脑，知道自己需要什么，不需要什么，然后努力掌握自己所需要的，忽略那些自己不需要的。由于找准了方向，他们的努力会很有效率；由于舍弃了杂念，他们的心灵不会被无谓的琐事拖累。甩开了不必要的包袱，自然可以全力以赴，朝着最重要的方向跑。

中国精度的“代言人”——陈兆海

陈兆海出生于1974年，1995年毕业于天津航务技工学校测量试验专业。毕业后，他进入中交一航局三公司，成为一名工程测量工，并在工作中展现出了极高的专业技能和敬业精神。

在多年的职业生涯中，陈兆海参与了众多大型工程的建设，包括30万吨级矿石码头、国内首座航母船坞、双层地锚式悬索跨海大桥等。这些工程不仅规模庞大，而且技术难度极高，需要精准测量和精细施工。陈兆海凭借出色的测量技能和严谨的工作态度，为这些工程的顺利建设提供了重要保障。

陈兆海的技艺之精湛，体现在他对测量工作的极致追求上。在大连港30万吨级矿石码头工程建设中，由于所处外海水深流急，高端测量仪器无法正常工作。陈兆海每天必须追着海流一路小跑，将40多斤重的“测深水砣”扔入海底测定高度，测深读数时间要在水砣触及海底的2～3秒内完成，最佳读数时间不足1秒。在这段时间里，他一连几天吃住在海上，手中的“铁疙瘩”每天要扔成百上千次。最终，他成功将精度控制在10厘米内，为水下基础施工提供了准确的数据。

陈兆海的工匠精神不仅体现在技艺上，更体现在他的工作态度和职业操守上。他始终保持着对测量事业的执着与热爱，用工匠精神对待每一个微小的细节。他精益求精，追求卓越，不断提升自己的技艺水平。同时，他还积极传承和发扬中国工匠精神，耐心培训和指导年轻人，帮助他们掌握测量技能，为中国工匠精神的传承和发展做出了贡献。

由于他的杰出贡献和卓越成就，陈兆海荣获了2021年“大国工匠年度人物”称号。这一荣誉不仅是对他个人成就的肯定，更是对中国工匠精神的认可和赞扬。

（资料来源：《北京日报》客户端。《“大国工匠”陈兆海：一眼锚定大海波涛》）

思考与分析

1. 怎么做到摒弃杂念，全力以赴？

2. 工匠如何做到精益求精、严谨求实、一丝不苟？

学习情境三　心无旁骛，只盯工作目标

案例导入

王进，被誉为“特高压带电作业第一人”，是国网山东省电力公司检修公司输电检修中心带电班的作业工。他在特高压带电作业领域取得了显著的成就，展现出了卓越的工匠精神和专业能力。

在特高压输电线路带电作业中，王进展现了出色的技术和勇气。他成功完成了±660 kV直流输电线路带电作业，这是一项极具挑战性的任务。在高达60层楼的高度，与1 000千伏的特高压线共舞，他身处在晃动的导线上，双手脱离导线工作，这种高超的技能和胆识令人钦佩，他的专业精神和责任心也值得称赞。他深知特高压带电作业的危险性，但始终坚守岗位。他的工作不仅需要高超的技术，更需要坚定的意志和耐心。他的每一次作业都是对生命的敬畏和对工作的热爱。

此外，王进还获得了多项荣誉，包括“全国劳动模范”“全国五一劳动奖章”“全国青年岗位能手标兵”等。这些荣誉不仅是对他个人成就的认可，更是对他所代表的工匠精神的赞誉。

知识链接

一、专注于自己的目标

每个人的出生背景不同，天赋条件各有差异，但机会均等，人人都有大有作为的可能。像家庭富裕的人，创业比较容易，但往往太容易到手的成功，对人就缺乏吸引力，难免会影响其创业激情；而出身贫寒的人，通常举步维艰，但穷则思变，变则通，生活的磨难激发了其斗志使其对成功充满渴望，是否成功，关键就在于人是否能专注于自己的目标。

虽然每个人都有成大器的可能，也有成大器的意愿，但最终心想事成者往往只是少数人。之所以如此，是因为多数人做事情并不能专注于其中，无法做到坚定目标、持之以恒。在人的一生中，值得追求的东西很多，如果什么都想要，就什么也得不到。所以说，无论做什么事，只有选定一个目标，全力追赶，不受其他事物的诱惑，才可能达成心愿。

干事业也是如此，人的精力有限，分散精力，什么事情都去做，就什么事也做不好，更别说做到极致了，到头来只会两手空空。因此，在做事情时，必须专注于所做的事情，对具体的事情，制订有针对性的计划，把事情做细、做实。对一个目标穷追不舍，才可能有所收获。

工匠一生不为名利，甘于寂寞，心无旁骛，只求工作的一丝不苟、精益求精，以及作品的登峰造极、极致完美。在工作中，他们只盯工作目标，很少去想别的事情，很少考虑其他的，所以他们的作品才能那么精致、完美。也正因为如此，才有了辉煌的人生和超凡脱俗的精神，才有了千古传诵的美名。

钢板上的“手指舞者”——马荣

2015 年 11 月 12 日，新版第五套人民币 100 元纸币面世。光线下用放大镜观察，这套钞票的肖像处，能看到点与线交织产生的特殊反光，宛如浮雕。手指轻触此币，还有凹凸感。这是世界钞票原版雕刻领域闻名遐迩的雕刻凹印技术。

马荣作为中国印钞造币总公司技术中心设计雕刻室的高级工艺美术师，由她雕刻的毛泽东主席肖像，成为第五套人民币 50 元、20 元、10 元、5 元和 1 元的核心图案。她也是我国第一位雕刻人民币主景人像的女雕刻家。

印钞系统组织了多位雕刻师进行竞争性创作，其中就包括马荣。为了探索凹版雕刻人像适应新型印刷工艺的规律，马荣决定同时雕刻两块钢板，这意味着她要比别人多出一倍的工作量。

三个月里，她每天需要工作十三四个小时，常常早上打好的一杯开水，放到傍晚一口没喝。工作中，马荣渐渐发现了常年影响印钞质量的滋墨现象，通过雕刻版纹间隔线的方法，可以控制油墨流动性，提高钞票印刷质量。虽然这样做会增加工作量，但她觉得创作一件高质量的雕刻作品更为重要。

最终，马荣的人像钢板雕刻作品夺冠，在第五套人民币上永远留下了自己的印记。而她首创的版纹间隔线雕刻法也在此后的数年中不断完善，如今被钞票原版雕刻广泛应用。

“钞票是艺术与奥妙，需要用心雕琢。”在马荣看来，钞票雕刻永远没有学成的时候。

1981 年，马荣开始了手工钢凹版雕刻技艺的学习，师从我国第一位女雕刻家赵亚芸。经过 3 次修改，马荣的作品才通过了老师的检验。30 多年后，已经退休的赵亚芸才说，当时就觉得马荣是个好苗子。

追求完美是赵亚芸给马荣上的第一课，而这股“韧劲”也支撑着马荣默默伏案，一点一线雕刻着自己的艺术人生。

练习雕刻技艺，不仅要忍受长时间伏案的艰辛劳作，更要忍耐寂寞之苦。“雕刻师眼中的钞票是艺术与奥妙，需要一刀一刀用心雕琢。”耐得住寂寞是马荣从老师傅们身上学到的第二课。

马荣与丈夫孔维云是一对“人民币雕刻伉俪”，两人曾是美术班同学，又一起考入中央美术学院，还共同从事了 35 年的钞票雕刻。

20 世纪 80 年代，既有绘画、设计功底，又掌握雕刻、制版技艺的人很受市场的欢迎，同行纷纷辞职、转行、下海，同期进入设计室的人所剩无几。

当时，马荣的油画作品成为法国收藏家追逐的目标，孔维云的水粉画更是独树一帜，但他们却选择了坚守。“钞票上雕刻的人像代表着国家形象，还有比这更能体现我们职业价值的吗？”说这句话时，马荣一脸自豪。

“这是我追求的‘终身成就’。”马荣有一把视如珍宝的雕刻刀，棕红色的刀把上，半圆形的正面由于无数次使用已被手掌磨得油光发亮，刀把的背面刻者一个“沈”字，这是第一位使用者的姓氏。刀传至马荣，已经过去了一个世纪。

在马荣看来，雕刻刀不仅是一件工具，更代表着雕刻技艺和工匠精神的传承。

1978 年，16 岁的马荣和孔维云考入北京国营 541 厂技校美术班。美术班安排了一堂特殊的“课外课”，参观制作人民币的核心部门——雕刻设计室。

设计室高大的房间里，雕刻师身穿长袍，手握放大镜，斯文有礼。孔维云说：“人民币雕刻是一个在保密状态下‘默默无闻’的专业，背后有着几代钞票雕刻大师的奉献。”

“一拿起雕刻刀，我就感觉自己进入了另一个世界，那里只有点与线，凹与凸，只有我创作的人物形象。”马荣在工作中，不受外界干扰，精神集中，一心紧盯自己的工作。

（资料来源：《工人日报》。央视网“大国工匠”）

二、严格执行自己的目标

心无旁骛、一心紧盯自己工作的状态，不是与生俱来的，需要后天对专注力的培养。专注是一种锲而不舍的精神，是一种百折不挠的毅力。一个具有专注品质的人，往往懂得珍惜时间。很多人在做一件事情时，总感觉时间不够用，这源于人们做事的陋习。常见的陋习有：

（1）犹豫不决。犹豫在本质上是因无法准确判断利弊，分不清什么是最重要且最急迫的事情。

（2）偏离初衷。逻辑思维较差的人很容易在不知不觉中远离最初的目标，心中的天平倾斜，早已不再把初衷当成最重要的东西。

（3）轻重缓急不分。不善于统筹安排的人总是事倍功半，并且经常觉得自己的时间不够用。

（4）三心二意。多线作战，一会儿搞搞这个，一会儿做做那个，不能集中“兵力”解决主要问题，变成了既费时间又耗资源的“添油战术”。

（5）贪大求全。不懂得分解任务，企图不自量力地“一口吃成胖子”，一旦受挫就很容易丧失信心。

从根本上说，这些陋习都违背了要事第一的原则。想要避免这些坏习惯，唯一的办法就是贯彻要事第一原则。

首先，应该把手头上的事区分为重要且紧急、重要但不紧急、不重要但紧急、不重要也不紧急四种类型。办事时优先处理重要且紧急的事情，然后花少量精力与时间处理不重要但紧急的事情。重要但不紧急的事往往是欠缺条件的，想一鼓作气解决掉是不可能的，这类事情就要以长期奋战的态度去对待。其实，当把重要且紧急的问题解决掉以后，其他三类事情就会自动减少。可以说，优先处理要事是让自己减轻负担的有效办法。

其次，在必要时放弃次要目标，将力量与资源集中于最重要的事情上。当战况危急时，指挥官会果断舍弃一些目标，把兵力全部集中在主要战场。许多指挥官贪图一城一池的得失，忽略了控制战略要点，导致全局被动。

人并不总是时间充裕、精力充沛、资源雄厚，捉襟见肘的情况在生活中并不罕见。在这种丝毫浪费都会被放大的情况下，要事第一原则的重要性更为凸显。因此，在不利局面下更要做到摒除杂念，坚持把注意力放在最重要的那件事上。

思考与分析

1. 怎么才能做到专注于自己的目标？

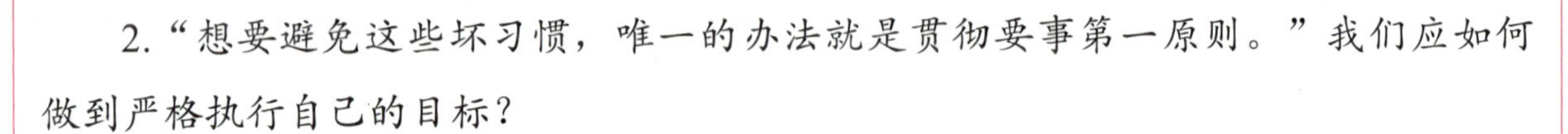

2. “想要避免这些坏习惯，唯一的办法就是贯彻要事第一原则。”我们应如何做到严格执行自己的目标？

学习情境四　不受世俗干扰，不为名利所惑

案例导入

西晋时期的嵇康，是一位著名的文学家、音乐家。他性格刚烈，不愿与世俗同流合污。他宁可被斩首于洛阳东市，也不想被司马氏王朝所用，临刑前还当众演奏了他的拿手曲目《广陵散》。这种对名利的不屑和对个人信仰的坚守，使他成了后世的楷模。

而最能体现嵇康这份“真”的，是他的作品。论诗，嵇康写诗，发乎本心，爱憎分明，却又清峻自然。论书法，他喜欢恣意洒脱的草书，作品被赞为“如抱琴半醉，酣歌高眠，又若众鸟时集，群乌乍散”。论音乐，嵇康更是名家，他常抱琴于松下、水边，超逸的琴声，就是他潇洒的心声。这恰是嵇康的真实写照，他坦然面对真实自我，虽不能令每个人都满意，但每一步却都是无悔。

知识链接

一、不受世俗干扰

诱惑就是诱导人离开自己的思维方式与行动准则，使其步入歧途。当今世界，纷繁复杂，充斥着各种诱惑。每个人都会遇到形形色色、五花八门的诱惑：功名利禄，金钱美色，“小可一粟一毫，大可金银珠宝”。诱惑的考验无时不在、无处不在。诱惑就像一束美丽的罂粟花，始终洋溢着迷人的芬芳，让人不由得被欲望支配。人一旦成为诱惑的俘虏，引以为傲的专业能力或睿智的判断就会消失，自己也难免成为缴械后不再具有任何战斗力的废物。在芝麻与西瓜之间，一定要明白什么才是明智的选择。如果某种诱惑欲望虽能满足当前的需要，但会妨碍人达到日后更大的成功，该怎么选择，其实一清二楚。

能将一生奉献给一门手艺、一项事业、一种信仰的人，必能专注于其中，练就炉火纯青的技术，打造极致完美的作品，登峰造极。这样的之人必然不受世俗干扰，不为名利所惑。

工匠引领

当代紫砂宗师、壶艺泰斗——顾景舟

北京东正2015秋拍，备受业内瞩目的“顾景舟制松鼠葡萄十头套组茶具”以1 800万元起拍，最终以9 200万元成交。成交价格不仅刷新了顾景舟单件标品的拍卖纪录，同时也创造了中国紫砂壶的拍卖新纪录。该作品能以如此高价成交，无疑是对一位用毕生精力追求艺术的紫砂艺术大家崇高的礼赞。

出身陶都宜兴陶瓷世家的顾景舟一生惜壶如命，并不是因为他做的壶太值钱，而是因为他深知做一把壶（见图4）太不容易了。顾景舟18岁继承祖业，从开始仿制名壶，到后来自创壶，每一把壶都经过深思熟虑；画出草图，反复推敲完善，往往一改就是几个月，甚至几年。问题也随之而来。

图4　紫砂壶手工艺

对喜欢紫砂壶的人来说，谁都想得到顾景舟的一把壶。而顾景舟只有一个，即便日夜抟壶，也无法满足这么多人的需求。壶是顾景舟艺术的结晶，更是他人格、审美的一种宣示。他性情清高、布衣淡饭，不慕财富、不求权贵，因此要想得到他一把壶并不容易。

20 世纪 50 年代末，古老的紫砂手工艺受到了严峻挑战。有人提出，要用机械化来替代手工制作紫砂壶，对此，顾景舟是抵制的。他认为，紫砂壶的命脉所在，除了材质肌理特点，就是独一无二的全手工拍打身筒的“泥片围筑”成型方法。甩掉“明针”和“搭子”（紫砂工具），就不符合紫砂手工技艺的情理。若制壶真的搞成流水线，千壶一面，气息、意象、神韵、个性，全没有了，那还是紫砂壶吗？

顾景舟用自己的一生诠释着不受世俗干扰，不为名利所惑的精神。在现代社会，诱惑更多，机会更生，选择也更多。但是，过多的选择机会反而容易使人见异思迁，也就不容易专注于某一件事情，更难把事情做到极致。只有专注于其中，才能以高度的工作责任感、实事求是地把每件小事做好，落到实处，并把每个细节考虑到位，这样才能把工作做到极致，在自己的工作岗位上实现自己的价值。

（资料来源：微信公众号“紫砂中国”。《大国工匠——顾景舟》）

洪海涛：导弹点火“把关人”

发射导弹时，最牵动人心的莫过于发射前点火的瞬间，它直接决定着导弹发射的成败。洪海涛就是一位常年打磨导弹点火器的高级技师。

导弹发射点火器误差需控制在 0.01 毫米内。导弹发射时，点火一瞬间会迸发出巨大的能量，而控制这巨大能量的总开关，是一个只有拳头大小的点火器。洪海涛要打磨的就是点火器上的小孔——点火孔。点火孔空间狭小，只能容下一颗黄豆粒。

洪海涛告诉央视记者，点火孔空间非常小，里边的贴合面必须达到 95% 以上，才能保证正常点火。而要实现 95% 以上的贴合度，就要把点火孔表面的高低差控制在 0.01 毫米内。一旦误差超过 0.01 毫米，点火器就不能正常作业，该点火时点不着，不该点火时还可能会因静电摩擦而自动点火。

这样的精度靠什么保证？又要达到什么程度？洪海涛表示，依靠他的眼力和手感，最后达到百分之百与机器测量度吻合。

说起来容易，操作起来非常困难。事实上，再硬的材料打磨成 0.01 毫米的薄壁都会软化变形。如何才能实现软工硬做？洪海涛在一次打生鸡蛋的过程中找到了灵感。

他发现，在蛋壳和蛋清之间的薄膜与点火孔打磨空间极其相似。在一次全厂职工技能大赛中，洪海涛勇敢地挑战自己，在打磨导弹部件的机床上，切起了生鸡蛋。最后他挑战成功，蛋壳轻松被切掉，薄膜却丝毫未损，蛋清一滴未漏。

从业21年，洪海涛用笨功夫练出巧手艺，而且还在不断地追求极致与创新。从他身上可以看到一代又一代航天人的坚守与奉献，可以看到祖国航天事业的希望与未来，可以看到不受世俗干扰、不为名利所惑的精神。

（资料来源：《大国工匠》。《洪海涛：导弹点火“把关人”》）

二、不为名利诱惑

人在工作岗位，时时都面临着诸多诱惑：权重的地位是诱惑，利多的职业是诱惑，光环般的荣誉是诱惑，欢畅的娱乐是诱惑……面对这些诱惑该何去何从？答案只有四个字：战胜自己。

一个人如果伟大，那么绝对不是因为他征服了别人，而是因为他先征服了自己。征服自己的懒惰，征服自己的自私，征服自己的骄傲，征服自己的自卑，征服自己对功名利禄的痴迷和对金钱地位的向往。

人最大的敌人往往是自己。只有战胜自己的欲望，才不会成为诱惑的陪葬品。只要征服了自己，对功名利禄不再动心，专注于自己的工作，潜心于自己的学问，那么，诱惑也就不再能让人着迷，人也就超越了自己。生命会更灿烂，阳光会更明媚，世界会变得更加精彩。

思考与分析

1. 怎么做到不受世俗干扰？

2. “人最大的敌人往往是自己，只有战胜自己的欲望，才不会成为诱惑的陪葬品。”我们应如何做到不为名利诱惑？

学习情境五 一次做好一件事，一生只做一件事

案例导入

艾爱国，一位出生于1950年3月的湖南攸县人，19岁时加入湘潭钢铁厂成为一名焊工。他精通焊接技术，特别是在处理高温材料方面表现出色，在焊接领域取得了显著的成就。1983年，艾爱国采用了当时国内尚未普及的氩弧焊工艺，成功解决了高炉风口的锻造紫铜与铸造紫铜焊接问题，这一成就使他荣获国家科技进步二等奖。

艾爱国不仅在技术上追求卓越，还积极传授自己的技能。他是湘钢板材焊接实验室的负责人，该实验室被湖南省列为焊接工艺技术重点实验室。他培养了600多名技术人才，其中不少人获得了国家级奖项和荣誉。他的徒弟中，有的获得了全国五一劳动奖章，有的成为湖南省劳动模范……他的这种“传帮带”精神体现了他对焊接事业的不懈追求和对后辈的深切关怀。

艾爱国获得的荣誉包括“七一勋章”“全国劳动模范”“全国技术能手”和“全国十大杰出工人”等。他被认为是焊接领域的“大国工匠”，被同事和同行们尊称为“钢铁裁缝”，他的工作态度和精神被社会广泛赞誉。

在个人生活上，艾爱国保持着简朴的风格，他拒绝了多次提拔的机会，选择留在湘钢，继续在焊接工艺研究和技术开发第一线工作。他的这种奉献精神和专注态度，使他成为焊接领域的传奇人物，也激励着后来的焊接工人和技术人员。

知识链接

一、专注做好一件事

不贪多求快，不好高骛远，不眼花缭乱，不怕费事，这就是工匠精神的内涵。坚持做好一件事就足够了，“贪多而失，贪少而得”。从平凡到优秀再到卓越，并不是一件多么神奇的事，只需要脚踏实地，一次做好一件事。

工匠引领

父女俩浇花的故事

有一天，画家刘墉和女儿一起浇花（见图5）。女儿很快就浇完了，准备出去玩，刘墉叫住了她，问：“你看看爸爸浇的花和你浇的花有什么不一样？”

图5　浇花

女儿看了看，觉得没有什么不一样。于是，刘墉将女儿浇的花和自己浇的花都连根拔了起来。女儿一看，脸就红了，原来爸爸浇的水都浸透到了根上，而自己浇的水只是将表面的土淋湿了。刘墉语重心长地教育女儿，做事不能只做表面功夫，一定要做彻底，做到“根”上。

其实，做事就和浇花一样，如果只是注重表面工作，不用心，不细致，不看结果，敷衍了事，那就等于在浪费时间，做了跟没做一样。只有做到“根”上，真正做透做好，才能够产出效益。保持这种态度做事的人，才会有竞争力。

老会计的故事

有一位老会计，从事财务工作几十年，没有做错过一笔账。

有人问他为什么能做到这一点，他的同事说：“你不用看他记账，只要看一下他扫地就明白了。”

原来这位老会计连扫地都与众不同，他总是一丝不苟、干净利落。扫完地后，你会发现他扫过的地方比清洁工扫过的都要干净。别人又问他是怎么做到这一点的，他说：“什么事情，如果你觉得它没有价值，那你就可以不去做它。但是，如果确定要去做了，就一定要做好，不能打折扣。因为你选择了做这件事，就必须认真对待，怎么还能三心二意、敷衍了事呢？”

在工作中，一步登天做不到，但一步一个脚印能做到；一鸣惊人不好做，但凭一股劲就能坚持做；一下成为天才不可能，但每天做好一件事有可能。

任何人的认识能力的提高、学识才干的进步、工作成绩的取得、良好习惯的形成，都是一个持续努力、逐步积累的过程，是每天做好一件事的总和。虽然每天只做好一件事，但每一天都超越了昨天，用一种崭新代替一种陈旧，如此日有所进，月有所变，用心写好每天做一件事的加号，不论从事什么工作，都能达到理想的高峰、享受胜利的喜悦。

二、一生只做一件事

一次做好一件事，终其一生做好一件事。著名数学大师陈省身有一个信条：“一生只做一件事。”细想下来，古今中外凡有成就的科学家、画家、音乐家等，都是全身心投入所热爱的一件事中，几十年如一日，持之以恒，不断探索追寻所热爱之事的极致，不断完善充实自己的人生，最终在自己的领域颇有建树，享誉天下。

40年坚守“铸”就不凡

初中生与大国工匠，两个在大多数人眼中毫无关联的词，却被一个身材略显矮小、瘦弱的人，用40年的时间完美串联起来。40年来，他怀揣“匠心”，用满腔热情去“读懂”冰冷的砂子；他扎根一线，用勤奋进取书写着航天工人的精彩篇章；他执着信念，用聪明才智铸造起强大国防的基石……他，就是航天科工集团第十研究院贵州航天风华公司的铸造工人毛腊生。

初中时，毛腊生在绥阳县农具厂当学工，第一次在工厂里接触到铸造行业。让他没有想到的是，与铸造行业的这次结缘竟决定了他日后毕生的事业。

4年后，在遵义市绥阳县团山公社插队的毛腊生，由于表现优秀，被公社推荐进入当时叫作风华机器厂的航天风华公司工作。

在当时，作为农村青年，能够进入国有工厂甚至是军工厂工作，“这十分不容易”，毛腊生深知机会难得，决定“一定要在军工岗位上做好自己的工作”。

初进厂选择工种时，与毛腊生同期进厂的人都选了当时的热门专业：车、钳、铣、刨、磨等，而他却偏偏选择了以“苦、脏、累”出名的铸造专业。在这个俗称“翻砂”的岗位上，他一待就是40年。

刚开始跟师傅学铸造造型操作，毛腊生就遇到了难题：仅有初中学历的他，连基本的铸造原理都不清楚，面对复杂的铸造零件，根本无从下手。

在一段时间里，毛腊生甚至只能“打下手”“跑龙套”，就连师傅也常常说他不开窍，为此没少挨骂。他笑着说：“当时被说得最多的就是——笨！”

尽管干活摸不着头绪，学习技术十分吃力，但是毛腊生并没有被困难吓倒。实在不会怎么办？“先天不足后天补，必须学！”

“笨鸟先飞”的毛腊生，不怕苦、脏、累，任劳任怨，一边跟着师傅干活，一边留心察看师傅操作。别人休息的时候，他在操作练习，一遍、两遍，对几遍做不出来的零件，便记录下来，请教同事、查阅资料，自己仔细揣摩。

“遇到问题，就是要多思考、多问，一定要把东西搞透。”正是这种心无旁骛、如饥似渴的学习态度，让他在短短半年时间内就能够独立生产出一般难度的铸件了。

这让毛腊生更加坚定了做好铸造工作的信心，也提升了他工作的热情。然而，军工铸造并非想象的那样简单，“造出来的东西，不仅要和图纸相同，更不能有一丝纰漏”。

要想闯难关，必须得有真本事。于是，他更加自觉、有意识地向老师傅和技术人员请教。曾经有一次，由于图纸不清楚、模具尺寸对不上号，他连续三次骑行到两千米外的技术部门请教。

同时，为了弥补文化底子薄的“短板”，他会在休息日到公司图书室“泡”上一天，放弃休息时间到工厂夜校进行文化补习，还会见缝插针地阅读专业书籍来充实自己。

靠着自学和培训，毛腊生不断探索铸造生产的特性，了解掌握基础知识，积累经验，丰富理论。“感觉还不够，那就继续学，提升自己。”他用极大的毅力自学了铸造理论和与铸造相关的知识。

“铸造的学问太大了，见得多、做得多，知识才能不断丰富。”接受采访时，毛腊生强调说，正是刻苦钻研才使自己练就了一套过硬的本领，使自己成长为具备较高专业理论知识和丰富实践经验的高级技师。

直到现在，“功成名就”的他仍不放松学习。在他家中的书桌上，堆满了铸造的专业书。他还有一个平板计算机，在遇到问题的时候常常从网上查找资料来学习、实践。

因苦苦修炼技艺，毛腊生获得了常人难以企及的成果和荣誉。他在1994年取得工

人技师资格，4 年后便成了当时厂里最年轻的高级技师。在他近 40 年的工作中，“航天技能大奖”“全国劳动模范”“中华技能大奖”“中国铸造大工匠”等荣誉纷至沓来。

（资料来源：人民网。《毛腊生：从初中生到“大国工匠”》）

思考与分析

1. 如何才能有效地专注做好一件事？

2. 人们常说：“我太忙，没时间去专注做一件事。”我们真的没时间吗？我们应如何加强时间规划，提高时间的利用率？

活动与实践

以每排学生为一组，玩“传话”游戏。要求每小组的第一位同学上来看老师手上字条的内容并记住它。当老师说开始时，请快速轻声地传话给下一位同学。比一比哪个小组传得又快又准，并评出优胜小组，说说获胜的秘诀。

精益求精 做到极致

精益求精、做到极致是工匠精神的理念。它是在技术精湛的前提下，一种不骄傲、不满足的态度，一种对自己所生产的产品精雕细琢的要求，一种执着追求完美的精神，是把细节做到极致的过程（见图6）。

图6 精益求精 力求完美

（图片来源：百度）

学习目标

1. 新时代是高质量发展的时代，高质量发展需要我们在各个领域、各个环节上精益求精，追求一流品质。

2. 精进的基础在于尽力，每做一件事，都应将自身潜力发挥到极致。

3. 要坚决与“差不多先生”划清界限，敢于探索，勇于奋斗，步履不停，追求极致，让精益求精“接地气”“冒热气”，方能创造辉煌业绩，收获人生精彩。

学习情境一　严谨求实　保证品质

案例导入

2012年6月30日，在太平洋马里亚纳海沟，我国自主设计、自主集成的深海载人潜水器——“蛟龙”号再次冲破7 000米深海，达到7 035米，完成了全流程功能验证等各项深海科考试验，顺利返回海面。这标志着深海载人潜水器7 000米级海试取得圆满成功，使我国成为拥有世界上作业深度最深的载人潜水器。

“蛟龙号”的成功创造了作业类载人潜水器新的世界纪录。诸多大国工匠历经十年的奋斗，一次次设计、一次次试验，他们用实际行动浇铸了“严谨求实、团结协作、拼搏奉献、勇攀高峰”的中国载人深潜精神，谱写了我国海洋事业发展的新篇章。

工匠精神是建设质量强国的精神指引。随着时代的不断发展，我国的发展重点和发展方向也有了新的要求，要想建设质量强国，就要始终坚持工匠精神的指引，严谨求真。在建设的过程中做到一丝不苟、精雕细琢、严谨求实、保证品质，不放过任何会产生质量问题的细节，让工匠精神渗透工作的每一个环节，让每一名参与建设的人员都始终将工匠精神放在心上，不断建设高质量项目、高质量品牌，为质量强国的建设目标贡献出自己的一份力量。

知识链接

一、一丝不苟，严谨执着的意义

真正的工匠一丝不苟、严谨执着。他们精雕作品的细微之处，常常把工作当成一种修行，严谨求实，保证品质。一件作品，要达到精致和完美，就必须把工作的每一个步骤、每一个环节都按要求做细、做到位。

工作不是一个简单的动作，而是连续性的行为。只有把每一个步骤、每一个环节都认认真真，扎扎实实地做好、做实、做到位，才能真正让工作变得完美，让自己成功。那些出色的工匠，无一不是每一步、每一环都精益求精、做到最好的人。

工匠引领

严谨求实的胡双钱

胡双钱是中国商飞上海飞机制造有限公司数控机加车间钳工组组长，被称为“航空手艺人”，曾参加第五届全国道德模范评选并被授予全国敬业奉献模范称号。在 30 多年的航空技术制造工作中，他经手的零件有上千万，没有出过一次质量差错，是一位本领过人的飞机制造师。

“每个零件都关系着乘客的生命安全。确保质量，是我最大的职责。”

核准、画线，锯掉多余的部分，拿起钻头依线点导孔，握着锉刀将零件的锐边倒圆、去毛刺、打光……这样的动作（见图 7），他重复了 30 多年。额头上的汗珠顺着脸颊滑落，和着空气中飘浮的铝屑凝结在头发、脸上、工服上……这样的“铝人”，他一当也是 30 多年。

图7　胡双钱打磨零件

（图片来源：微信公众号“浙江商业技师学院团委”）

胡双钱读书时，所在的技校老师是位修军机的老师傅，经验丰富、作风严谨。“学飞机制造技术是次位，学做人是首位。干活，要凭良心。”这句话对他影响颇深。

一次，胡双钱按流程给一架在修的大型飞机拧螺丝、上保险、安装外部零部件。“我每天睡前都喜欢‘放电影’，想想今天做了什么，有没有做好。”那天回想工作时，胡双钱对“上保险”这一环节感觉怎么也不踏实。保险对螺丝起固定作用，确保飞机在空中飞行时，不会因震动过大导致螺丝松动。思前想后，胡双钱还是不踏实，凌晨 3 点，他又骑着自行车赶到单位，拆去层层外部零部件，保险醒目出现，一颗悬着的心落了下来。

从此，每做完一步，他都会定睛看几秒再进入下一道工序。“再忙也不缺这几秒，质量最重要！”

“一切为了让中国人自己的新支线飞机早日安全地飞行在蓝天。”

胡双钱技校毕业后进入上海飞机制造厂。一进门，学钣铆工的他就被分配到专业不对口的机加车间钳工工段。一些人走掉了，可老实憨厚的胡双钱选择了留下。凭着“只要能造飞机，自己坚决服从组织分配”的一股劲，他开始了自己的钳工生涯。

从 2003 年参与 ARJ21 新支线飞机项目后，胡双钱对质量有了更高的要求。他深知 ARJ21 是民用飞机，承载着全国人民的期待和梦想，又是“首创”，风险和要求都高了很多。于是胡双钱让自己的“质量弦”绷得更紧了。不管是多么简单的加工，他都会在干活前认真核校图纸，操作时小心谨慎，加工完多次检查，“慢一点、稳一点，精一点、准一点”。凭借多年积累的丰富经验和对质量的执着追求，胡双钱在 ARJ21 新支线飞机零件制造中大胆进行工艺技术攻关创新。

30 多年里，无数艰难时刻他都挺过去了，唯独“运十”飞机的命运成了他一辈子都无法释怀的心结。在看到国家又重拾大飞机的梦想，他选择了一种特殊的方式延续“再干 30 年”的豪情——把技艺毫无保留地传授给更多胸怀大飞机梦的年轻人。在一届上飞公司技能大赛中，他带领的班组 3 位参赛选手，包揽了钳工技能比赛前三名。

胡双钱说：“参与研制中国的大飞机，是我最大的荣耀。看到我们自己的飞机早日安全地翱翔在蓝天，是我最大的愿望。”

能够研发大型客机是一个国家综合实力的体现。在这个处于现代工业体系顶端的产业里，手工工人虽已越来越少，却不可替代，即使是生产高度自动化的波音和空客，也都保留着独当一面的手工工匠。中国商飞总装制造中心高级钳工技师胡双钱就是这样一位手艺人，30 多年里他加工过数十万件飞机零件，没有出现过一个次品。

“梦想成真的感觉是多少钱都买不来的。”

胡双钱出生于上海一个工人家庭，从小就喜欢飞机。制造飞机在他心目中更是一件神圣的事，也是他从小藏在心底的梦想。

1980 年，技校毕业的他成为上海飞机制造厂的一名钳工。从此，伴随着中国飞机制造业发展的坎坎坷坷，他始终坚守在这个岗位上。2002 年、2008 年我国 ARJ21 新支线飞机项目和大型客机项目先后立项研制，中国人的大飞机梦再次被点燃。有了几十年的积累和沉淀，胡双钱觉得实现心中梦想的机会来了。

大飞机制造让胡双钱又忙了起来。他加工的零部件中，最大的将近 5 米，最小的比曲别针还小。胡双钱不仅要做各种各样形状各异的零部件，有时还要临时“救急”。一次，生产急需一个特殊零件，从原厂调配需要几天时间，为了不耽误工期，只能用钛合金毛坯现场进行临时加工。这个任务交给了胡双钱。这个本来要靠细致编程的数控车床来完成的零部件，在当时却只能依靠胡双钱的一双手和一台传统的铣钻床，甚至连图纸都没有。打完需要的 36 个孔，胡双钱用了 1 个多小时。当这个“金属雕花”作品完成之后，零件一次性通过检验，送去安装。

现在，胡双钱一周有 6 天要泡在车间里，但他却乐此不疲。他说：“每天加工飞机零件，我的心里踏实，这种梦想成真的感觉是多少钱都买不来的。”

胡双钱是上海飞机制造厂里年龄最大的钳工。在这个 3 000 平方米的现代化厂房里，胡双钱和他的钳工班组所在的角落并不起眼，而打磨、钻孔、抛光，对重要零件细微调整，这些大飞机需要的精细活都需要他们由手工完成。画线是钳工作业最基础的步骤，稍有不慎就会导致“差之毫厘、谬以千里”的结果。为此，老胡发明了自己的“对比检查法”，他从最简单的涂淡金水开始，把它当成是零件的初次画线，根据图纸零件形状涂在零件上。“好比在一张纸上先用毛笔写一个字，然后用钢笔再在这张纸上同一个地方写同样一个字，这样就可以增加一次复查的机会，减少事故的发生。”胡双钱说。

“最好再干 10 年、20 年，为中国大飞机多做一点。”

2008 年，承担大型客机研制任务的中国商飞公司成立。职工收入有了相应增加，还增加了补充公积金，胡双钱一家也开始盘算买房的事。前两年终于贷款买了一套 70 平方米的二手房，搬离了蜗居 20 多年的 30 平方米老公房。为此，全家人开心不已。胡双钱闲下来时，也会清理清理房间，把玻璃刷得干干净净，把油烟机擦得清清爽爽。做家务也和工作时一样，一丝不苟，表里如一。

近年来，默默无闻的老胡获得了不少荣誉。2009 年，他荣获全国五一劳动奖章。2015 年又被评为全国劳动模范，平生第一次走进庄严的北京人民大会堂接受表彰。胡双钱感慨：“我们赶上了好时代。”他说：“我们的民机事业经历过坎坷与挫折，但终于熬过来了，迎来了春天。我们应该更加珍惜今天的事业，想要更好，也还要靠自己。”

胡双钱现在最大的愿望是，“最好再干 10 年、20 年，为中国大飞机多做一点”。

（资料来源：微信公众号“浙江商业技师学院团委”。《工匠精神——严谨求实》）

门雕神匠——高应美

云南通海县的木匠高应美大师有一手镂空雕刻的绝活，他雕的格子门有“通海国宝”的美称。尽管做工匠的时间不短，但他老人家一生中仅完成了四件作品：一件在河西圆明寺大雄宝殿，已毁于火灾；一件是为个旧李家花园雕的，据说已卖到欧洲；一件是为通海周家花园雕的，现藏于县城内的聚奎阁；一件是小新村三圣宫的格子门（见图8），这六扇门，他做了17年。

图8 三圣宫格子门

举行完开工仪式之后，高应美四处挑选磨刀石，用以制作和打磨雕刻工具。他的工具多达100多种，最小的只有头发丝粗细，每一件都由他亲手制作和精心打磨。这一过程，竟不可思议地花了3年。

用于做格子门的门板厚7厘米，在这点空间里，高应美雕刻出了6个层次的镂空浮雕，180多个人物。人物神态各异，肌理细致入微，衬以战马腾龙、花鸟树石、山水房舍等景物。一刀一斧都是高应美殚精竭虑的选择，一渣一屑都是恰到好处地舍弃，让木材的每一个方寸都达到圆满的境界。一个败笔，一扇门就毁了。

最后一道工序是贴金。高应美又花了1年的功夫细心敲打出薄如蝉翼的金箔，然后选择无风无雨太阳正好的天气，用头发做成的刷子小心地刷上金箔，轻巧得甚至不能有大气呵出，而且每一片金箔之间不能看见一丝接头的痕迹。

因为专注和执念，这扇格子门充满了生命质感，千百年来一直挺立在那个小村落里，闪烁着幽光。

一个工匠，凝聚毕生的梦想、心血和才情，用生命中最鼎盛的17年，成就一个传奇。忙忙碌碌的世间，永远有遵从自己内心节奏的行路者。因为慢，他们落后于时代的脚步，却最终做到了极致。

（资料来源：网易新闻。《门雕神匠——高应美》）

二、保证品质的态度

严谨是一种严肃认真、细致周全、追求完美的工作态度；求实则是通过客观冷静的观察、思考和探求，悟透事物的内在机理，再采取最合适的方法去解决问题的做事原则。工序有先后，精细有标准。只有严格控制每一道工序、跟紧每一道流程，做好每一个环节，保证每一个步骤都做到最好，才能有精美的作品问世。越是环环相扣、步步相连的工艺，越需要把每一个步骤都严格做到位、不允许有一点点的偏差。假如每一道工序都允许有 0.1% 的不合格率，那么一个流程（假设由 100 个工序组成）下来，产品的合格率就可想而知了，所谓“失之毫厘，谬之千里”就是如此。将每一个步骤及环节都按要求做到位，就是将工作的每一个细节精雕细琢、精益求精，按步骤、依环节，就是按流程体系做事。

优秀的人往往不想给自己留下败笔与遗憾，所以把事情做得尽善尽美。特别是那些具有工匠精神的人，为了做出毫无瑕疵的精品，甚至愿意付出常人难以想象的代价。对他们来说，品质就是生命，有败笔等于是要了命。这种不断超越自我、追求完美的生活态度，在世人眼中，是艰辛和痛苦，在大师眼中，却是无与伦比的快乐。

思考与分析

1. 为什么要在工作中严谨求实？
2. 怎样在本专业实践中做到严谨求实？

学习情境二　一丝不苟，在细微处用心

案例导入

历经长途跋涉却不能坚持下来的原因，很多时候，不是路途遥远，而是鞋里有一粒沙子。“细节决定成败”，细节就是细小的事物、环节或情节。细节又往往很容易被“大手笔”忽视，被很多人不当一回事。然而，细节却是转动链条上的一个扣环，却是千里钢轨上的一个铆钉，却是太空飞船上的一个螺丝。故而，注意不到细节，那么针眼大的窟窿，斗大的风，都可能会导致前功尽弃、功亏一篑。

细节是作风、态度，是全神贯注把工作做好，做到精益求精。纪录片《手造中国》中讲述了制瓷手艺人老詹的故事。老詹，是景德镇为数不多的懂得原始制泥技术的工匠，被称为景德镇水碓守护人。他每天亲手将一个个矿石挑选出来，然后挑到河边清洗，经过七泡七洗的复杂工序，泥料才一点一点露出真容。最初的泥料还不是制作陶瓷的原料，要经过老詹一点点用脚踩泥。一踩就是两个小时，这个动作要重复一个星期。三十年，老詹一直守在这个水碓旁，重复着同一个动作，这便是对“工匠精神”的生动诠释。

有些工作之所以没有做好，有时不是工作有问题、制度有缺欠、措施不得力，而是我们没能做到像老詹那样聚精会神、专心致志、一丝不苟。凡事成于小，精于细。“积土成山，风雨兴焉；积水成渊，蛟龙生焉；积善成德，而神明自得，圣心备焉。故不积跬步，无以至千里；不积小流，无以成江海。”我们中职学生要明白“致广大而尽精微”的道理，认真负责地对待每一个细节和小事，防止“细节中的魔鬼”损害大局。在以后的工作中，我们要发扬“工匠精神”，把每一个细节都做扎实、做到位，要在实干担当中追求精益求精，追求卓越，在细微之处见精神，以高标准严要求推动工作提质增效。

知识链接

一、细节决定成败的意义

诚意之作不是光靠热情就能完成的，工匠有着把工作视为使命的激情，但做事时依靠的还是超凡的理性。他们不厌其烦地重复着一道道工序，全神贯注地审视着每一个细节。

一件产品的诞生也离不开多个部门的合作，里面注入了无数工作人员的心血，假如有一个环节出问题，其他人的努力可能就要白费了。工匠精神体现在一个个微不足道的细节当中。忽略细节是人类常见的毛病，特别是那些看起来没什么影响的细节，很难得到大家的重视，然而其中很可能就隐藏着可怕的隐患。

细节决定成败，细节更能体现人有没有耐心、有没有精神。只有在细微处用心，做到极致，才能让工匠精神体现出来。因此，工匠精神就是要把细节做好，细节做好了，无论做什么，都是一把好手，才是真正的工匠。如果能在日常工作生活中坚持注意细节，就会逐渐丢掉浮躁马虎的坏习惯，领悟精益求精、追求极致的智慧。千里之行，始于足下，踏好每一小步，才能走向辉煌。

工匠引领

张爱兵：精于细节、勇于创新的新时代工匠

因在探月工程、载人航天、中科院先导专项、风云气象卫星等项目中工作表现出色、展现出精益求精和勇于创新的精神，张爱兵入选中国科学院评出的“十大工匠”。

“这算是对我15年来工作的一个肯定吧。”面对荣誉，张爱兵很淡定。

2003年，张爱兵从华北电力大学研究生毕业。他的绝大多数同学都选择了去电力系统工作，但他放弃了类似的机会，在同学们的疑惑目光中来到了中科院国家空间科学中心的空间环境探测研究室。正是在这里，张爱兵精益求精、努力创新，在他所工作的领域做出了重要贡献（见图9）。2010年，从业仅7年的张爱兵就获得了“探月工程‘嫦娥二号’任务突出贡献者”荣誉称号。

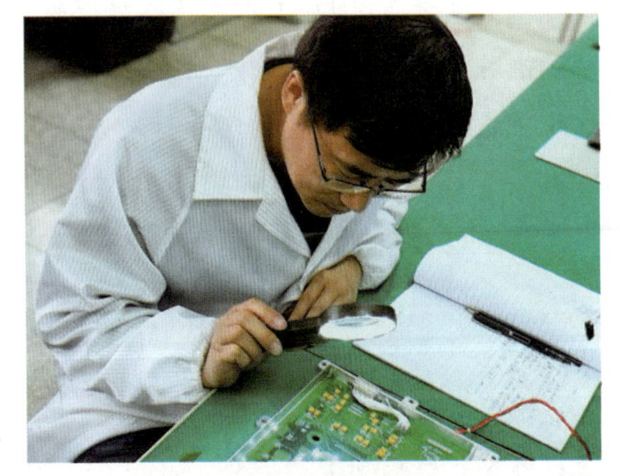

图9　张爱兵入选中国科学院评出的“十大工匠”

（图片来源：中科院官网）

“刚到空间中心的时候，我的工作之一就是从一大批电阻中挑选出最合适的那一支。”张爱兵说，在研制探测仪器时，为了使其探测指标更精准，需要阻值更加准确的电阻元件。否则，即使阻值仅有1%的极小偏差，也会给探测结果的精准度带来很大影响。挑选电阻的工作十分枯燥单调，但仪器指标又容不得半点马虎，他出色地完成了这个“简单”的任务，也深刻体会到了什么是精益求精。

从不满足于现状的张爱兵在原有设计的基础上刻苦钻研、大胆创新，在随后的“嫦娥一号”“嫦娥二号”太阳风离子探测器的研制过程中，设计了一个全新的电路，不但

使仪器的探测指标提高了，同时也使电路对电阻值的要求降低，再也不用花大量时间去挑选电阻了，这让他认识到了创新的重要性。

大量程、高速度的宇航用高压电源是空间等离子体就位探测仪器及类似宇航设备的核心部件，它决定了仪器的时间分辨率指标。在探测二号“低能离子探测器”、“嫦娥一号”、“嫦娥二号”太阳风离子探测器研发时期，高压范围只能做到 5 ~ 2 500 伏、变化速度只能到 10 千伏 / 秒，这使仪器的时间分辨率无法达到较高水平。

张爱兵带领他的科研团队，通过多年的不懈探索，经历几十次的改进与调整，终于攻克了这一难关，实现了高压范围 0.2 ~ 20 000 伏、变化速度 2 000 千伏 / 秒，完全摆脱了进口高压电源的限制，实现了自主可控，也使他所负责仪器的时间分辨率指标达到了国际先进水平。这一国产高压电源技术已经应用于“风云四号”气象卫星 01 星、货运飞船全向电子能谱仪、火星离子和中性粒子分析仪、先导专项中欧合作 SMILE 计划低能离子分析仪等多个型号。

随卫星发射到太空的探测仪器，不像地面设备那样方便维修，一旦出现故障问题就很难解决。张爱兵深知自己的工作不容出错，研制仪器设备过程中的一个小小疏漏，就可能导致仪器的性能下降甚至完全失效，造成不可挽回的巨大损失。正是在这不容出错的环境中长期磨砺，张爱兵养成了注重细节、精益求精的精神。由于努力钻研、不断创新、成效显著，2016 年张爱兵入选中科院关键技术人才。

执着于自己所从事的事业，对每一个细节精雕细琢，提高质量永远在路上，创新永远不停止，张爱兵用他的实际行动诠释了新时代的工匠精神。

（资料来源：《科技日报》）

玉雕师的细节之处

俗话说：“玉不琢不成器。”一块璞玉要成为最终佩戴时的样子，除了跟其自身的原料质地相关，雕刻师的技艺和思想更赋予了璞玉新的情感与生命。在手工创作中，从设计到雕刻、加工，再到最后的完工，每一步工序都离不开最根本的手工经验，每一件高级精品雕件的背后，都有一群一丝不苟，每天都在努力突破自己的工匠、艺术家。

玉雕让人感触最深的，除了浓郁的文化艺术气息，就是令人敬仰的工匠精神。那些数年如一日，坚持手工创作的艺术家，总是让人肃然起敬。每一间工作室的核心，是工匠，即玉雕师，他们对玉石创作的无限激情赋予了玉石作品独特的生命力。很多玉雕师从业多年，甚至一些工匠世家，数代都为玉石雕刻奉献一生。

好的玉雕师，都是具有工匠精神的，这种精神体现在对作品细节的把控上。每一个细节都深刻影响着一件作品整体的美观。他们心中始终坚信好的作品就应该在细节上取胜，细节决定成败。

对玉雕师的人生而言，学会静，是一笔宝贵的人生财富。灵感涌现是“静”之后的智慧，沉住气，耐着性子做细活，才能在突如其来的裂纹面前，沉着应对，从而化险为夷。静能使玉雕师心态平和，一旦心情出现乌云笼罩，焦虑、苦闷不但于事无补，有时还会使作品变糟。而恰如其分的静，能够使他们稳住阵脚、挽回损失。静是韧性的根基，静是处世的智慧，守静笃，静胜躁。

玉雕师们的激情，是高级玉石雕件制作的源动力。从设计时开始，他们便开始了极具挑战的创作之旅。由于每件玉石具有唯一性，玉雕师们需要先对材质进行揣摩和梳理，以展示玉石自身最美的一面。通过高超的技艺、深厚的美学功底，来完善作品的细节和比例，以展示玉石最璀璨的一面。

匠心创作完成的作品，离不开团队的协作。玉雕师并不是一个人在战斗，在一个工作室中，协作精神随处可见。每个人负责一个细节的处理，才能妥善地完成一件精致的作品。而这样的作品，也往往是独一无二、举世无双的。

手工工艺雕件从开始创作到完成，每一步都倾注了工匠们的心血和努力。由于有的工匠对玉石设计的不倦激情，作品方能精巧绝伦，在方寸之间展现出浓郁的艺术气息。玉雕师有了创造一件作品的激情，才能在继承传统的同时，将创意设计逐渐融入创作中，并始终坚持技术的革新和自我的超越。

二、细微之处见精神

明代胡应麟在《诗薮》中有几句话：“两汉之诗，所以冠古绝今，率以得之无意。不惟里巷歌谣，匠心信口……神圣工巧，备出天造。”人心要静，身要缓。一笔一画、一刀一矬，小心翼翼、不紧不慢、恰到好处，方能出精品。亦如人生，不急不缓、从容沉静，方能凝聚阅历、沉淀底蕴，活出曼妙人生。

在生活中，细节因琐碎、繁杂，常常为人们所忽略。然而，当今时代是一个细节制

胜的时代。生活中的一切原本都是由细节构成的，每个人所做的工作也都是由一件件小事构成的。如果一切归于有序，决定成败的必将是微若砂砾的细节。在现代社会，分工越来越细，专业化程度越来越高，随着精细化管理时代的到来，细节的竞争才是最终和最高层面的竞争。

学习工匠精神，最重要的不是感叹大国工匠超乎常人的品格，而是先学会他们认真对待一切问题的态度。睿智的将军总是把小敌人当成劲敌来打，处处周密部署、谨慎戒备，所以从来不会被敌人打得措手不及。这种态度也是工匠的作风，敲好每一颗钉子、拧好每一个螺丝，工具使用后按规定回收并精心保养，把每个小细节做好，才能一步一步把大系统也做精。

“细微之处见精神”。微小而细致的细节不会在市场竞争中显得那么大张旗鼓，取得立竿见影的效果，但是它有着自己的独特精神。小事的竞争，就像春雨润物，无声无息又潜移默化。在科技发展达到相当水平的今天，大刀阔斧地干就可以大大超越别人的年代已经一去不复返了，决定竞争胜利与否的因素，往往就是一点一滴的工作细节。也许一丝一毫的差别并不大，但可能就是这一丝一毫的差别，铸就了用户对品牌认可的差异。

对个人来说，每一项细微的工作，如敲定一个符号、纠正一个错误、修正一个计划等，都会对事业的发展产生重要的影响。因此，无论做什么，都不能忽视工作中每一个微小的细节。把小事做好，才有做大事的能力，也才能把大事做好。

思考与分析

1. 结合本专业，想想如何做到一丝不苟？
2. 在本专业领域的工匠中，他们是如何注重细节的？

学习情境三 没有最好，只有更好

案例导入

追求卓越是工匠的职业价值旨归。工匠们一生追求卓越，是为了在行业保持顶尖水平。无论是在传统农耕社会，还是在现代工业化时代，扎实的专业知识、精湛的专业技艺都是工匠安身立命之根本，不断超越自我、勇攀行业顶峰是工匠的毕生职业追求。

千千万万个追求卓越的中国工匠在各个岗位上勇攀高峰，推动中国在高铁、桥梁建设等领域迈进世界前列。高铁领域的技师李万君为了解决直径20厘米的圆形环口焊接难题，经过千万次实验和尝试，不仅解决了难题，而且创造了“标准参数”，掌握了“一枪焊完”的绝活；凭借勤学苦练，许振超从普通码头工人成长为“桥吊专家”，是码头上人人知晓的“许大拿”，他常说，在工作岗位上，干就干一流，争就争第一，拼命也要创造出世界集装箱装卸名牌，为企业增效，为国家争光。

成就“工一技，匠一心”的“品质革命”已经席卷中国大地，“只有更好，没有最好”的品质精神是工匠精神的根与魂，应成为各领域的行业标准。

知识链接

一、“没有最好，只有更好”的含义

“没有最好，只有更好”是对质量追求永不知足，永远在改进，永远认为自己还在路上，离终点还有距离。

二、“没有最好，只有更好”的意义

人生就是逆水行舟，不进则退。要想在这个竞争日益激烈的社会上立足，占得一席之地，非得有努力进取、精益求精的精神不可。做事精益求精是一种优秀的习惯，这种习惯不仅能够使人们心情愉快、精神饱满，还可以使人的才能迅速得到提升，学识日渐充实，在不断进步中逐渐提升自己。反之，一个人即便再有才华、再有能力，如果做事没有精益求精的精神，总是马马虎虎，那么他必定无法进步，做不出什么成绩来，而且他所有的能力、天分、智慧和独创力也可能会被消磨殆尽。对自己要求精益求精，可以让自己的技术更加进步。对生活质量要求精益求精，可以让人拥有更好的生活方式，让生活更加美好。对企业管理要求精益求精，会让整个企业焕发生机、蓬勃发展。

用行动诠释工匠精神

“我相信，只要有真才实学，技术工人也照样可以成就一番事业。”2023 年 7 月 9 日，博尔塔拉蒙古自治州精河县晶羿矿业有限公司机修班组班长王秀峰在接受记者采访时说。

王秀峰凭着对工作的热爱，在平凡的岗位上兢兢业业，一干就是十一年。他从一名普通维修工做起，认真钻研，在岗位中脱颖而出成为班组长。他先后完成创新成果 4 项，带领班组成员开展“五小”创新活动 20 余项，提出并参与的关于“一种双膛石灰窑用煤粉喷吹输送系统”的课题研究荣获国家实用新型专利证书，为公司创造经济效益 1500 余万元。2023 年，王秀峰荣获博州劳动模范的称号。

记者采访王秀峰时，他正弓着腰，身体前倾，左手持焊罩，右手持焊枪，认真地指导两名徒弟学习焊接技术。

“坚持把一件事情做到极致”是王秀峰从师傅身上学到的，也成为他毕生追求的目标。2021 年 8 月，石灰车间二期卷扬机故障，导致原料单斗小车脱落变形。为保障正常生产，王秀峰第一时间组织成立突击队进行维修、电焊，经过一夜鏖战，二期卷扬机恢复正常运行。

2022年1月的一天，在窑顶焊接主除尘管线作业中，王秀峰一干就是3个多小时，班组人员几次想要替换他，他都拒绝了，一直坚持到焊接完成。王秀峰从窑顶下来时，脸颊冻得通红，腿也冻得僵硬了。

十几年间，王秀峰一直从事生产现场机电设备检修工作。凭着对现场设备的了解和多年的检修经验，先后提出石灰成品仓溜槽加装筛网、二期煤粉除尘卸灰阀改造等多项技改方案。“我改造设备都是以减轻职工工作量、加强安全生产和改善现场环境为出发点的。”王秀峰说。

王秀峰最引以为豪的是荣获自治区职工创新奖的“成品仓溜槽加装筛网”项目。石灰石在煅烧过程中，因高温会产生粉末，含粉末的石灰又会大大降低石灰品质，影响产品质量。针对该难题，王秀峰组织班组成员，通过反复研究、验证，提出改进措施，在成品仓入口1号和3号仓溜槽底部各加装1个筛板，筛分口正对2号仓，在石灰出窑经过链板机运输进仓过程中，大于0.8厘米的石灰块进入1号和3号仓，小于0.8厘米的石灰粉末直接进入2号仓。“这个创新项目不仅提高了石灰质量，同时，筛分下来的石灰粉末还能单独销售，每年为公司创效300余万元。”王秀峰高兴地说。

工作中，王秀峰把技术毫无保留地教给徒弟，并时常提醒徒弟认真巡检、仔细查找故障原因，只要用心、认真，每个人都可以成为工匠。十几年间，王秀峰为公司培养了7名优秀维修工和4名高级焊工。

面对每一次检维修任务，王秀峰都主动靠前。他总说：“我是党员，我先上。”他用实际行动践行了“干一行、爱一行、专一行”的信念，时刻激励着身边的职工努力前行。工作没有终点，只有起点；没有最好，只有更好。王秀峰用行动诠释了工匠精神。

（资料来源：微信公众号“工人时报”）

旦增顿珠：在雪域高原传承工匠精神

2000年参加工作，2003年加入中国共产党，旦增顿珠从水泥熟料生产线一线工人做起，在担任制成车间主任期间（见图10），曾创造磨机单台系统运转率100%的历史纪录，实现雪域高原水泥磨粉磨机产能最大化。

图10　旦增顿珠（左）和工友在讨论业务

（图片来源：新华社）

先后荣获西藏自治区劳动模范、全国五一劳动奖章获得者等光荣称号的旦增顿珠，如今是西藏高争建材股份有限公司（以下简称“高争建材”）的副总经理、制成车间主任，他始终坚持一个共产党员的初心和使命，在生产一线发挥着党员的模范带头作用。

三代同厂　传承初心使命

1960 年，旦增顿珠的爷爷来到高争建材的前身拉萨水泥厂参加工作。老一辈“高争人”发扬自力更生、艰苦创业的精神，先生产后生活，奋战两年，使拉萨水泥厂正式投产，结束了西藏没有水泥厂的历史。旦增顿珠的父亲与企业同龄，经历了“高争水泥”的发展与变革。1984 年，两条年产 11 万吨高标号水泥的湿法旋窑生产线投产，企业开始腾飞。

旦增顿珠告诉记者：“从爷爷身上，我学到了吃苦耐劳的精神，忠诚与敬业的担当。从父亲身上，我学到了专攻与传承，求精与创新。”

如今，旦增顿珠已成为高争建材的中流砥柱，三代人在传承的同时，见证了西藏和平解放 70 余年的发展与变迁。旦增顿珠家里保存的那些边角褪色的荣誉证书，折射出一家三代建材人的精神风貌，工匠精神代代传承。

扎根一线　专注技艺提升

2000 年，旦增顿珠从学校毕业后进入高争建材，他选择了条件相对艰苦、离家 300 余公里的日喀则分厂。和他同期进厂的同事，大多数因为路途遥远、条件艰苦选择调换岗位，而他却脚踏实地，专心于技艺提升。一身工作服、一顶安全帽，在水泥生产一线摸爬滚打。

2004年，高争建材兴建新型干法水泥生产线，业务能力突出的旦增顿珠被调至拉萨，先后在回转窑系统、生料磨系统从事操作控制工作。多年的勤恳工作，积累了丰富的生产经验，生产线上每一台设备、每一个数据都印在他的脑子里。

制成车间是生产流程中最关键、最艰苦的岗位，旦增顿珠一干就是10年。他严守制度、规范谨慎，从未出现过因所带班组工作失误导致的安全事故，连续10年被企业评为“安全生产先进班组”。在实践中，他还积极探索，不断总结经验，为企业发展建言献策。

2008年，高争建材日产2 000吨的生产线投产，许多员工操作不熟练，对生产工艺不熟悉，对设备性能不了解，旦增顿珠带头扎进车间攻坚工位，不懂的就向老师傅们请教，同工友一道攻关。他说：“作为一名共产党员，遇到问题我必须冲到一线。”在他的帮助和指导下，班组员工在业务上得到了很大的提升与进步。

制成车间员工次仁告诉记者：“旦增不仅勤奋，更有着工匠的执着和踏实。”他致力于部门生产线提效增产、安全生产，勤于钻研，积极创新，主导并参与多项创新项目，总结提炼出一套独具特色的操作方法。

匠心担当　站上更高起点

日常工作中，旦增顿珠坚持从车间内部制度化、精细化管理入手，从环保卫生做起，注重生产工艺及设备技术改造，以提高产量、降低成本、提高设备运转率、提高易损件的使用率为重点。在他的不断努力下，设备运转率年年提高，2015年创造了公司有史以来磨机单台系统运转率100%的历史纪录，并于当年为公司节约设备维修费100多万元。

2020年6月，在保证运转率达到98%的前提下，高争建材当月生产水泥40万吨，刷新了建厂以来全月生产水泥最高水平的新纪录；通过强化落实安全责任，认真检查排查各项安全隐患，实现了连续10年车间安全事故为“零”的目标任务……面对这些可圈可点的工作成绩，他总是把功劳归功于集体。

工友拉巴感慨，旦增顿珠在工作上是一把好手，在生活上，对待同事也会给予无微不至的关怀。同事有困难，他都是慷慨相助。

2022年7月，旦增顿珠被组织任命为西藏高争建材股份有限公司副总经理，又光荣地当选为党的二十大代表。站在更高的起点，他表示："今后将立足本职岗位，爱岗敬业，把自己的工作干好，在平凡的岗位上实现自己的价值，为党旗增光添彩。"

（资料来源：《科技日报》。）

但凡在事业上有所建树的人都秉持着"没有最好，只有更好"的理念。在人的身上，有一种神秘的力量——进取心，它使人们向着目标不断努力。它不允许人懈怠，它让人永不满足，每当达到一个高度，它就召唤人们向更高的境界努力。人生的价值在于不断进取，在这方面，无数成功者为我们树立了光辉的典范。

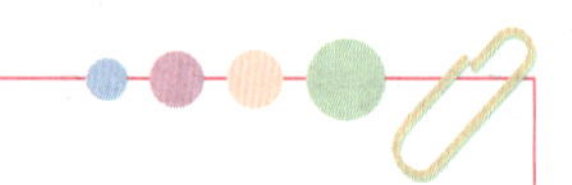

思考与分析

如何在本专业学习中做到"没有最好，只有更好"？

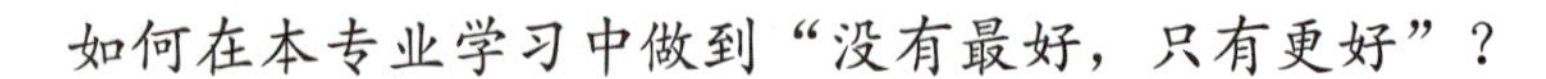

学习情境四　精益求精，杜绝"差不多"

案例导入

精益求精，杜绝"差不多"。重细节、追求完美是工匠精神的关键要素。现代机械工业尤其是智能工业，对细节和精度有着十分严格的要求，细节和精度决定成败。对细节与精确度的把握，是长期工艺实践和训练的结果。"功夫"一词，不仅指武功，也是指各种工匠所应具有的习惯性能力。功夫是长期苦练得来的。不下一定的苦功，不可能出细活。工匠从细处见大，在细节上没有终点。2015年，中央电视台播出《大国工匠》纪录片，讲述了24位大国工匠的动人故事。这些大国工匠令人感动的地方之一，就是他们对精度的要求。如彭祥华，能够把装填爆破药量的呈送控制在远远小于规定的最小误差之内；高凤林，我国火箭发动机焊接第一人，能把焊接误差控制在0.16毫米之内，并且将焊接停留时间从0.1秒缩短到0.01秒；胡双钱，中国大飞机项目的技师，仅凭他的双手和传统铁钻床就可产生出高精度的零部件……无数动人的故事告诉我们，我国作为制造大国，弘扬工匠精神、培育大国工匠是提升我国制造品质与水平的重要环节。

对工匠来说，细致、精心、认真是最根本的品质，也是最可贵的态度。他们对任何细节、任何小事都以追求完美的态度来对待，从来不会粗心大意。

知识链接

一、杜绝“差不多”的含义

古话说，行百里者半九十。意思是，一百里的路程走到九十里，也才走了一半，因为最后十里的重要程度占到一半。在物流公司，他们通常会讲“最后一千米”，这最后一千米的运费，可能和前面一千米的运费差不多，也可能更贵。所以说事情好坏成败往往就在于那么一点点，真正的差别也就在于那么一点点。一个人多做一点，另一个人少做一点，就形成了差距。

“差不多”就是有差距，有差距就是差很多。事实确实如此，而这也正是浮躁的人应该注意的地方，因为大部分人经常觉得不平：我和××都差不多，凭什么他升我不升，凭什么他得奖我没有，凭什么他加薪而我没有等。

正如不平凡与平凡之间，差的就是那么一点点超越。现实生活中，有很多时候，很多的事情就差那么一点点，而正是这一点点就造成了巨大的差别。无论是相差0.1毫米还是0.1秒，看着只是毫厘之差，结果却是天壤之别。如短跑，一、二名之间有时可能仅相差0.01秒。又比如赛马，第一匹马与第二匹马相差仅半个马鼻子，差几厘米而已，却是冠军与亚军两个级别。

铸造炉火纯青的“中国标准”

毛正石守着一炉铁水转了30多年，用有着几千年历史的中国传统工艺——铸造，精心打磨出了符合国际标准的出口产品。在炉火纯青的技艺背后，他传承了砥砺创新的家国情怀。毛正石有一双火眼金睛，1 400摄氏度以上的铁水，凭眼力就能控制10摄氏度以内的温差。毛正石有一个大胆子，越是遇到大难题就越来劲，没人敢接的活他敢接。

如今，在中车集团大连机车车辆厂（简称大连机车），有以毛正石的名字命名的劳模创新工作室，由他担任车间的技术组组长，全面负责车间技术工作。他的技术组中有2名研究生和15名大学生，只有他自己学历最低——技校生。

30多年前，毛正石从技工学校毕业后当了一名普通的铸造工人。毛正石认为，一个人可以没有文凭，但不能没有知识和技能。他坚持不懈，刻苦自学，技术业务素质提高很快，逐渐成长为铸造岗位上的行家里手。

大连机车曾与美国EMD内燃机车公司共同试制柴油机整铸机体，有美国专家预言："你们前6台不可能试制成功。"但毛正石和他的团队用国内外独有的生产工艺，完成了机体铸焊成型向机体整铸成型的"变革"。最终，第二台机体就试制成功，整铸机体的质量甚至超过美国标准。美国专家赞叹道："没想到你们的铸造工艺比我们的工艺先进多了！"

传统铸造业流行一句老话："差一寸，不算差。"意思是说，在铸造产品中，一寸以内的误差都可以忽略不计。而中国铸造走向世界的新标准则是"零缺陷、零误差"。

2012年，法国阿尔斯通公司向全球供货商发出通知，要用铸铁代替锻钢生产汽轮机叶片，由于产品对铸造工艺要求极高，当时全球没有几家公司敢接单。而中车大连机车厂却接下了这笔生意，铸造车间主任说："敢拿下这一单，靠的是我们有毛正石这样的技术团队。"

"一点不能差，差一点也不行。"这是毛正石最常说的一句话。近年来，毛正石和团队相继完成的阿尔斯通公司汽轮机叶片，史密斯公司各种液套、齿轮环等高难度铸件生产，不仅精度高而且工期短，产品质量普遍好于国外，为企业创造了千万元产值。

（资料来源：新华网。《毛正石：铸造炉火纯青的"中国标准"》）

"铁甲先锋"张景勇：追求卓越的陆军工匠

"干就干到最好，做就做到最精。"这是张景勇最常挂在嘴边的一句话，也是他执着专注、精益求精、一丝不苟、追求卓越的工匠精神的直接体现。作为新型两栖装甲装备列装部队后的首批驾驶员，张景勇扎进两栖装甲装备一干就是十几年。对待每项工作都只问“差多少”，不讲“差不多”；只求“夺第一”，不求“保奖牌”；只有“做得更好”，没有“已经很好”，事事处处干到极致。

2007 年，张景勇所在单位的两栖装甲装备更新换代，原来的水陆装备全部换成新型两栖装备，原来的纯机械操作控制提升为全液压、电控集成程序控制。由于连队当年安排带新兵任务，张景勇失去了去工厂跟训学习的机会，但不服输的他坚信即使是“后发”，也能成为尖子、“大拿”。

新兵工作一结束，张景勇立即向连队申请去了驾驶集训队。每天比别人提前半小时起床熟悉车况，午休时间加班加点研学教材、反刍知识。正课时间学装备操作，晚上熄灯后将一天训练下来记录的疑惑问题对照说明书逐项解决。一个多月的陆上驾驶训练结束时，张景勇对新装备有了初步的认识。

集训队转入海上训练后，张景勇发现教材上的内容大多只停留在操作层面，对同型装甲车构造和原理介绍不多。要想熟练操作使用新型两栖装备，成为优秀驾驶员，就不能仅仅停留在简单的驾驶和操作上，还必须熟知装备的故障排除和维护保养。为了啃下这块硬骨头，张景勇废寝忘食，一头扎进装甲车。每天在车上一个部件一个部件地找，一根管一根管地摸，一个故障一个故障地排，经过 3 个月不懈努力，他很快从一个门外汉成长为单位内第一个掌握新装备操作使用的驾驶员。

“会驾驶战车的不少，但像张景勇这样懂原理的却不多。”2011 年，新配发的部分装备发动机转速不稳、车身抖动较大，多次引发爆管导致车辆熄火。随队保障的厂家师傅也查明不了原因。张景勇临危受命，组织力量逐台统计“同批”问题装备参数，针对“共性”问题多次下海进行效能试验，比较论证出发动机参数设置不合理、车载“人机对话装置”不兼容等问题，提交厂家修改，顺利解决了全军同批次两栖装备问题。研究所专家都说张景勇算是把装备“用透了”“玩活了”。

作为驾驶员，他对战车大到负重轮、发动机的构造性能，小到每个螺丝、垫片的规格用途都如数家珍，令战友叹服，被誉为“装甲专家”（见图 11）；作为技师，他专门向连队申请一间杂物间，将 4 大张电路图贴满房间墙壁，一有空就默画背记，把密密麻麻的电路图全部装进脑子，500 多个技术参数都烂熟于心。

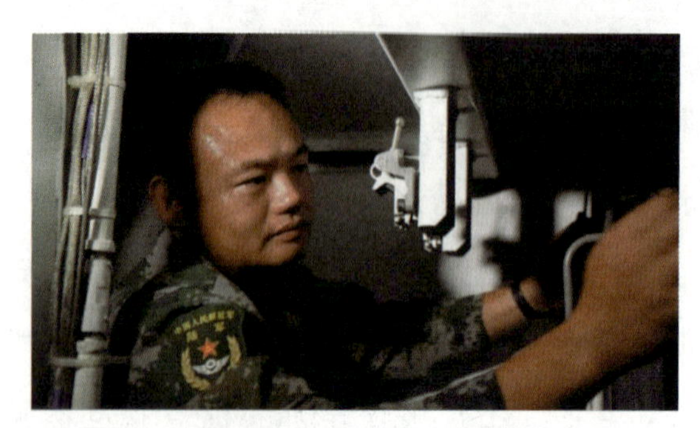

图11 装甲专家张景勇

2022年初，针对某型两栖装备在复杂天气状况下发动机易进水的问题，张景勇积极研究探索，先后完成海上航行发动机装置、水门装置、防进水装置的加改装，有效降低了下海装备故障率，并在联合实兵演习中首次实现了全装参演零故障的目标。战友们评价他说："张景勇一个人能顶一个修理连，他就是新时代的陆军'工匠'!"

（资料来源：微信公众号"钢铁先锋号"。）

二、工作中杜绝"差不多"

很多时候人们都会忽视小细节，觉得差不多就行，但很多时候"差不多"的结果是"差很多"，差很多的结果就是出问题，就是有损失。做事情如果有"差不多""大概过得去""还行吧""凑合"这样的心态，那是最要命的。正是因为有这种心态，工作中才会漏洞百出、失误频频，做出的产品才瑕疵众多、缺乏竞争力。因为"差不多"，许多企业如昙花一现，它们的产品也只能被标为二等品，与一等品虽只差一点，其价值却相差很多。

凡事最怕"认真"二字。当"差不多"时，不妨思考思考，是否可以更进一步，就不用讲"差不多"？在生活中，"差不多先生"对任何事都看得透、想得开、不计较，不过在工作中，"差不多"的心态必须要杜绝，因为每个员工都是团队的一分子，如果每个人都讲"差不多"，那一定会给公司或个人造成不必要的损失。不少人在工作时总是将"差不多、过得去"挂在嘴边。在这种意识的作用下，工作难免会有失误或出问题，而当问题一旦出现后又会找借口，因此，这种"差不多"心态必须摒弃。无论做什么事情，都要多问自己几次"真的可以'差不多'吗？差那一点会给自己、给公司、给顾客带来什么害处？"如此才能彻底告别"差不多先生"，真正杜绝"失之毫厘，谬以千里"。

如果说粗心大意是无心之过，那“差不多”则是意识的问题。在工作中，一定要传承工匠们一丝不苟、追求极致的精神，从思想深处杜绝“差不多”心态，杜绝日常的粗心大意，成为真正合格的工匠。

思考与分析

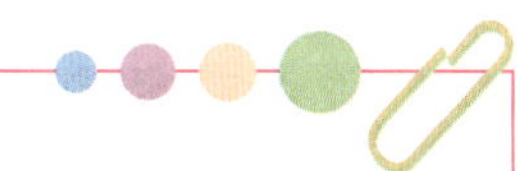

1. 如果在本专业技能中抱有“差不多”的心态，会有什么样的后果？
2. 如何从思想深处杜绝“差不多”心态？

学习情境五　追求完美，要做就做到极致

案例导入

做任何事情，无论大与小，能做到极致，就是完美。阅历告诉我们，有技术含量的事做到极致，拼的是“工匠精神”；无技术含量的事做到极致，拼的是责任担当。假如一个人没有家庭背景，没有学历，没有天赋异禀，甚至连吃苦耐劳的精神都没有，那他就真的一无所有。假如一个人没有殷实的家境，没有知识学历，没有天赋异禀，但他有吃苦耐劳的思想，踏实肯干的精神，那他同样会有自己的幸福人生。生而为人，切忌好高骛远，贵在脚踏实地。

进入21世纪，我国已跻身制造业大国的行列，要想在国际竞争中立于不败之地，我们就要树立“工匠精神”。细节决定成败，态度决定一切，需要的是每个人能恪尽职守、精益求精，严把质量关，把工作做深做细。

当我们有了缜密的思路、求真的态度、扎实的作风，就一定可以把事业做到极致。当我们坚定生命的信念，确立前行的方向，排除一切困难，就必定能把人生画卷描绘到极致。

人类的使命，在于自强不息地追求完美。能把一件件事情做到极致而细腻，用丰富

的细节表现出深邃的内涵和境地，这就是生活与生命的唯美写意。从个体看，是素质和教养，从集体和民族看，是向心力和蓬勃力量。追求极致，是人格完美的张扬，是向上和进步的体现！

古话说，宝剑锋从磨砺出，梅花香自苦寒来。追求极致，除了要有坚毅、自强的内心，还要有努力而毫不懈怠的修为。中职生如何把自己塑造成一个踏实肯干，注重细节，讲究效率的劳动者呢？

知识链接

一、追求极致的意义

所谓极致，意指极限、顶端，最高境界、最佳意境、最大程度、最为典型，也指做人做事认真细致，尽善尽美、完美无瑕。追求极致，是一种优良品德，一种刚毅性格的表现。追求极致，是一种求真务实、担当作为的表现。一个人只要主观上有奋发有为的责任意识，行动上就会敢挑重担，创造性地去完成自己的任务。追求极致，是一种立足本职、崇尚诚信的表现。始终不忘对工作追求极致，是一种精益求精的表现。积极主动，勤耕细作，才能把事情做好。消极怠工，甘于平庸，人生也就黯淡无光。热爱劳动，可以创造美、发现美，也可以使心灵更加美丽且善良。

孟剑锋的錾刻人生

錾（zàn）刻是我国一项有近 3 000 年历史的传统工艺，它使用的工具叫錾子，上面有圆形、细纹、半月形等不同形状的花纹，工匠敲击錾子，就会在金、银、铜等金属上錾刻出千变万化的浮雕图案。

在 2014 年北京 APEC（亚太经济合作组织）会议期间，古老的中国錾刻技术，给各国元首开了一个小小的玩笑。在送给他们的国礼中，有一个金色的果盘里放了一块柔软的丝巾，看到的人都会情不自禁地伸手去抓，结果没有一个人能抓得起来，原来这块丝巾是用纯银錾刻出来的（见图 12），而它就出自錾刻工艺师孟剑锋之手。

图12　国礼《和之美》

（图片来源：百度）

在一个20世纪80年代的老厂房里，孟剑锋和其他技工一起，熔炼、掐丝、整形、錾刻，从细小的首饰、工艺摆件，到“两弹一星”和航天英雄的奖章，一件件精美的作品就这样在他们手里诞生了。

使用不同的錾子，会在金属上留下不同的花纹。因此，要錾刻一个精美的图案，第一步就要开好錾子，每开一个錾子都是一次创新。孟剑锋就曾为了一把錾子反反复复琢磨了一个多月。

让孟剑锋失眠的是北京APEC会议上送给外国领导人和夫人的国礼，一个像是草藤编织，有着粗糙质感的果盘，里面有一条柔软的银色丝巾，丝巾上的图案清晰自然，赏心悦目，让人不由得想去摸一下。

为了分别做出果盘的粗糙感和丝巾的光感，孟剑锋反复琢磨、试验，亲手制作了近30把錾子，最小的一把在放大镜下做了5天。一把细细的錾子上一共有20多道细纹，每道细纹大约有0.07毫米，相当于头发丝粗细。

开好錾子仅仅完成了制作国礼的第一步，最难的是在这个厚度只有0.6毫米的银片上，有无数条细密的经纬线相互交错，在光的折射下形成了图案，而这需要进行上百万次的錾刻敲击。这不仅需要下手时稳准狠，同时又要特别留神，不能錾透了。上百万次錾刻，只要有一次失误，就前功尽弃。

工艺美术不像一些行业，有严格的、可以量化的指标，有明确的标准。因此，做得怎么样，除了具备一定的技艺，凭的是工匠的感觉、眼力，还有良心。

追求极致——这是孟剑锋给自己提的标准。

用银丝手工编织中国结，所有的技师想都不敢想，都准备用机械铸造出来，再焊接到果盘上。但是，铸造出来的银丝上有砂眼，尽管极其微小，这在孟剑锋心里成了怎么也过不去的一道坎。在他心目中，没有瑕疵，并且是纯手工，这才配得上当作国礼。

孟剑锋带徒弟，先要求他们练习怎么用锉。孟剑锋刚入厂时，师傅也是这样让他开始练习基本功的。一个重复的动作，孟剑锋一练就是一年。孟剑年当时感觉很枯燥无味，而有着执着劲的母亲却让他坚持下来。母亲教育孟剑锋说，既然决定做一件事，就一定要坚持下来，不要半途而废，如果遇到困难就往回退，那就什么事情都做不好。

如今，孟剑锋已经是高级工艺美术技师，但是他对自己还是有些不满意，他觉得要干好工艺美术这行还应该懂绘画，现在他有时间就和爱人一起出去写生、练习素描。可是，这双做雕刻、錾刻灵巧的双手，拿起画笔就显得笨拙了。孟剑锋说，他已经在拜师学习绘画了。总有一天，他一定会拿出一个像样的绘画作品，就像练锉平、做錾刻那样。他就是要想超越自己，追求极致。

（资料来源：央视新闻。《大国工匠 · 孟剑锋：錾刻人生》）

孟剑锋錾刻的工艺品，没有人要求它必须用手工打造，但是在孟剑锋心里，只要是标注纯手工的作品，就不能有一丝虚假。即使没有人挑战过，即使双手磨得满是水泡，他依然要坚守这个承诺。在孟剑锋身上，可以看到一个手工艺人的诚实守信，以及对极致的不懈追求。

二、追求完美、做到极致

追求完美是工匠精神的内在动力。工匠们深知，只有对技艺和产品有着苛刻的要求，才能不断推动自己向前，不断突破自我。他们不满足于现状，始终在寻找着改进的空间，努力让每一个细节都达到最佳状态。这种追求完美的态度，使得工匠们能够在技艺上不断精进，创造出令人叹为观止的作品。

做到极致则是工匠精神的最终目标。工匠们不仅仅满足于技艺的精湛，更在追求产品的极致品质上下了苦功。他们注重每一个生产环节，严格把控每一个细节，确保产品能够达到最高的品质标准。同时，他们也在不断创新和改进，让产品更加符合用户的需求和期望。这种做到极致的精神，使得工匠们的产品能够在市场上脱颖而出，赢得用户的青睐和赞誉。

在现代社会中，这种追求完美、做到极致的工匠精神显得尤为重要。随着市场竞争的加剧和消费者需求的多样化，只有那些能够不断追求卓越、不断创新的企业和工匠，才能在市场中立于不败之地。因此，我们应该大力弘扬这种工匠精神，鼓励更多的人去追求技艺上的精进和品质上的卓越。

同时，我们也需要为工匠们提供更好的发展环境和条件，让他们能够充分发挥自己的才能和创造力。例如，可以提供更好的培训和教育资源，帮助工匠们不断提升自己的技艺水平；也可以搭建更好的交流和合作平台，让工匠们能够相互学习、共同进步。

追求完美、做到极致的工匠精神无疑是值得学习和推崇的。这种精神不仅仅体现在工匠们的技艺和产品上，更是一种对待工作、生活和自我成长的态度。

首先，追求完美是推动个人和组织不断进步的重要动力。当我们对自己的工作有了更高的标准和要求，就会不断挑战自己的极限，超越自己的舒适区，从而实现技艺和能力的不断提升。这种追求不仅让我们在工作中取得更好的成绩，也让我们的生活变得更加充实。

其次，做到极致体现出对品质和细节的高度重视。在快速变化的时代环境下，只有那些注重细节、追求极致品质的企业和个人，才能在激烈的市场竞争中脱颖而出。这种精神也提醒我们，无论做什么事情，都应该注重细节，追求卓越，以赢得他人的信任和尊重。

此外，工匠精神还强调了持续创新和改进的重要性。工匠们不满足于现状，始终在寻找着改进和创新的空间，以适应时代的发展和用户的需求变化。这种精神鼓励我们保持开放的心态，积极接受新事物和新思想，勇于尝试和创新，以应对不断变化的环境和挑战。

最后，学习工匠精神也有助于培养我们的耐心和毅力。追求完美和做到极致往往需要付出大量的时间和精力，需要经历无数次的尝试和失败。然而，正是这种坚持不懈的精神，让我们能够在困难面前不屈不挠，最终实现自己的目标。

“土专家”卢宝华

说卢宝华是“土专家”一点不假。高中毕业，没有受过编程专业系统培训，仅凭喜欢研究电器维修及计算机技术，不断钻研学习，成了一个会编写程序软件的“高手”。

1986年，卢宝华在枣园站干了两年连接员后，被调到段上负责维修调车对讲机，一干就是30多年。工作期间，卢宝华对计算机产生了浓厚的兴趣。当时，一台台式计算机价格是3～4万元，而职工月收入仅有100多元。为了研究计算机原理、学习编程技术，卢宝华省吃俭用攒下2 000元，购买了主板和配件，自己组装出一台用鞋盒子做机箱、用黑白电视做屏幕的8086计算机。正是这台运行DOS系统、没有鼠标、没有硬盘的机器，开启了他时至今日仍然热爱的另一个领域——计算机编程。

学习钻研技术的道路是枯燥的，探索新知识的经历却是快乐的。为了弄懂编程语言，他重新翻出高中课本认真复习英语单词；为了理解函数概念，他虚心请教年轻学生；为了适应硬件升级，他节衣缩食更新配件。天道酬勤，经过几年潜心自学，卢宝华掌握了编程技术。2000年，他完成了车务段第一个办公网主页的编写。时至今日，由他多次改版的办公网主页一直保持稳定高效的运行。2004年，卢宝华又承担起开发段内“安全管理信息系统”的重要任务。经过半年的不懈努力，“安全管理信息系统”研发完毕，成功上线应用，段内安全管理、信息上报、问题处理等实现了网络化、公开化、可视化，安全管理更加规范高效。2005年，“安全管理信息系统”获得济南铁路局科学技术进步三等奖。从此以后，卢宝华挑起了全段系统开发的大梁，圆满地完成了一个又一个管理系统。

卢宝华是个锲而不舍、精益求精的人，对研发的系统总是不断地进行修改完善，力求达到完美。他研发的“电子台账管理系统”于2017年1月份正式使用，各车站需要上报哪些报表、有没有漏报迟报、台账记录有没有及时填写等信息在网上一目了然，实现了无纸化。

尽管系统得到应用后，赢得干部职工的一致赞扬，但是卢宝华觉得还有需要改进的地方。他指着计算机屏幕说：“你看这个电子表格，当拉到下面的时候，就只能看见一行行的数字，而看不到上面的栏目内容，非常不方便。”于是他又进行了改进，使栏目内容随着表格自动下移，这样即使看最下面一行的数字，也能够知道是哪一个栏目内容。卢宝华说的这个问题，很多人在工作中都会遇到，他却用自己的“最强大脑”为大家解决了这个麻烦。

（资料来源：央视网。《卢宝华：铁路“土专家”的匠心》）

年过半百的卢宝华，在其平凡的外表下却有着一颗追求极致好的匠心。他说：“研发的每一个管理系统都是倾注心血打造的作品，力求极致完美是我对工作的追求，也是我人生的快乐所在。”只有将匠心融入工作，中国制造才能经得起时代的检验。

思考与分析

1. 如何在本专业学习中做到极致？

2. 追求完美、做到极致，这种工匠精神值得学习吗？

思考与分析

理解工匠，成为工匠

活动目标

1. 理解“工匠精神”的含义，了解工匠们敬业、专注、严谨的工作态度所带来的工作成果。

2. 对工匠精神充满敬仰之情，并树立正确的职业理念。

3. 将“工匠精神”作为一种信念，付诸实际行动。

活动准备

搜集《大国工匠》节选视频，搜集展现工匠精神的图片和故事。

活动实施

一、导入提问

1. 何谓工匠？（是指有手艺专长的人。）

2. 古代杰出的工匠有哪些？（鲁班、李冰、黄道婆、李春……没有炫耀的头衔、显赫的家财，但都以杰出的智慧、精湛的技艺创造为后世留下了财富。）

二、解读工匠精神——精益求精事竟成

1. 工匠精神的基本内涵包括敬业、精益、专注、创新等方面的内容。

2. 寻找身边的工匠。

观看视频《大国工匠》中高凤林的事迹，请同学回忆日常学习和参加社会实践时的情景，寻找我们身边的工匠。

三、学习工匠精神——立足专业学理念

请同学们思考并提炼出工匠精神的内涵：精益求精，注重细节；严谨求实，一丝不苟；耐心、专注、坚持；专业、敬业。

观看视频《方寸之间的绝技——余敏》和《机车神医——张如意》。“术业有专攻”，他们一旦选定行业，就一门心思扎根下去，心无旁骛，在一个细分产品上不断积累优势，在各自领域追求卓越。

身处新时代，“工匠”不再是社会底层技师的称谓，“工匠精神”也成为一种代表着精益求精、专注、创新的精神。我们的社会，需要这种精神。各行各业的劳动者，只有在平凡的岗位上不断磨炼，提升自己的技艺，把简单的事情做到极致，才能铸造精品，才能使我们国家在高质量发展的道路上阔步前行。

四、践行工匠精神——宝剑锋从磨砺出

这一环节是技能课的评比，安排任务，让同学们将工匠精神运用到专业课上，进行技能大评比。技能展示强调精益求精，力求做到专业特点和工匠精神的高度契合。同学们通过精益求精的技能比拼，用实际行动感受工匠精神的内涵，对自己所学习的专业内容有更深层次的感悟，为以后的工作学习打下良好基础。

创新进取 追求超越

创新进取、追求超越是工匠精神的延伸。喜新厌旧是人类的本能，互联网社会进一步放大了这种本能。再精益求精的产品也有被消费者厌倦的时候，只有不断推陈出新（见图 13），才能不断满足千变万化的市场需求。

图13　中国铁路高速列车

（图片来源：百度）

学习目标

1. 培养学生的创新意识，提高他们的创新能力和综合素质。

2. 引导学生认识自我超越的重要性，培养学生追求超越的意识，提高他们的自我超越能力和综合素质。

学习情境一　懂得创新，敢于突破

案例导入

中国工程院院士王梦恕教授是我国著名的隧道及地下工程专家。他几十年来与大山为伍，以青石为伴，在隧道及地下工程的理论研究，科学试验，开发新技术、新方法、新工艺以及指导设计、施工等方面做出了突出贡献，取得了丰硕成果。

1981 年，王梦恕所在的铁道部隧道工程局承担了衡广复线 11 座隧道和 3 座大桥的建设任务。其中，举世瞩目的大瑶山隧道全长 14.295 公里，为当时全国最长的双线电气化铁路隧道。但在施工之初，曾遭遇难题。

1919 年以前，传统的隧道施工工艺是以人力或小型机械开挖岩体，以木料作临时支撑，再以模筑混凝土替代木料。这种方法进度慢、质量差，在替换的过程中还容易出现塌方。投入运营后，也经常出事故。显然，这种方法已不能适应我国经济发展的要求。如何解决长期以来困扰隧道建设的瓶颈？必须尽快寻求新的方法。

王梦恕不愿循规蹈矩，敢于打破常规，只要工程需要，他就大胆创新。通过查阅资料，他检索到国际上一种尚未成熟的施工原理——新奥法理论。该方法是在山体被爆破开挖成洞后，立即用添加了速凝剂的混凝土喷射岩石面作为初期支护，又视围岩类别而打设锚杆以加强支护，或是在软弱破碎的岩层架设钢支撑或钢筋网等。这种“喷锚支护”是一种初期快速支护手段，它在岩层尚未产生大的松动时就已及时形成支撑，可以约束围岩一定量的变形，提高围岩承载力。它也无须替换，可作为永久支护的一部分。

大瑶山隧道工程被称为我国隧道修建史上的第三个里程碑。其中，10 项配套技术、42 项技术难点达到国际、国内先进水平。大瑶山隧道修建新技术于 1990 年获铁道部科技进步特等奖，1992 年获国家科技进步特等奖。

在大遥山隧道取得成功后，王梦恕没有停下前进的脚步，他又瞄准了新的目标——如何突破软弱围岩，快速、不塌方施工这个难关。他从粤北转战北京市延庆县（今延庆区）东南的大秦线军都山隧道进行大跨、软弱、有水、浅埋、上有民房的隧道设计与施工研究，再度取得了不小的突破与进展，先后攻克了 7 项配套技术、14 个技术难点，为类似工程的修建提供了颇有价值的经验，并证实软弱围岩同样可用新奥法原理实现大断面施工。

知识链接

一、创新进取的含义

人们常说：“师古但不泥古。”“师古”是指以前人为师，学习前人优秀的东西，来提高自己的水平。“泥古”是指拘泥于前人的陈规，不加以变通，死板地照搬，不能活用。显然，只懂得“泥古”而不懂得变通和创新的传承是很危险的，技艺会越传越死板，越传越僵化，最终会让技艺失传甚至消亡。

传承工匠精神，“师古”是必需的。向古人学，向前人学，向一切掌握了技术和工艺的人学，都是传承技艺的重要途径，但这种学不是墨守成规，不是因循守旧、依葫芦画瓢，而是懂得创新、敢于突破，这样才能真正让技艺传承发展下去，使技艺代代延续、相传，并不断发展和进化。

让宫廷绝技“复活”的传人林春蓝

2007 年，一件长 108 米、宽 0.2 米、厚 30 微米的铜箔镌刻作品荣获吉尼斯世界纪录最佳项目。这幅世界上最长的经卷，光洁平整，通卷如一，无任何衔接痕迹。其上镌刻了乾隆御题——“天下第一经”。卷上镌刻了明成祖朱棣、清圣祖康熙御书《金刚般若波罗蜜经》、乾隆御书《心经》、佛祖道影 50 余尊、佛手印 300 余式、玉玺印章 50 余方，被誉为“天下第一经卷”。而这幅杰作的问世，就是因为铜箔镌刻的绝技找到了一个优秀的传承人——林春蓝。

铜箔镌刻原本是中国宫廷绝技，一度濒临失传。1999 年夏天，林春蓝在一座庙里遇见了一位摔伤的长者，他立即放下正在兴头上的拍摄工作，专程将老先生送往医院治疗。没想到这位受伤的长者是一位学识渊博的“隐士”、身怀绝技的民间艺人，他专门研究佛学和铜箔镌刻工艺，经过多年潜心研究，掌握了乾隆年间宫廷内府尚方御匠秘为典藏、未曾经传的镌刻手法，练就了一手绝活，技法炉火纯青。之后，林春蓝被老先生收为唯一的“入室弟子”。经过一年的密授，林春蓝将老先生的全身技艺悉收入怀，并因此有了一个头衔——身怀绝技的镌刻大师。

2000年春，已经学艺有成的林春蓝与师父一起，开始了铜箔镌刻前的准备工作。为了搜集经卷的内容，林春蓝和师父用了两年时间，跑遍了国内外多家寺庙的藏经阁及有关博物馆和图书馆，获得了大量珍贵的经文、佛祖道影、佛手印及玉玺印章。之后，师徒二人走进工作室，开始了长达4年的镌刻工作，终于制作出了这冠绝天下的“天下第一经卷”。

“泱泱长卷，精彩绝伦，蔚为大观，令人叹为观止、拍案叫绝。”凡是亲眼看到“天下第一经卷”的人，都会发出如此感叹。而林春蓝和其师父之所以能制作出如此精美的经卷，正是既学习了绝技，又融入了自己很多创意的结果。

（资料来源：《中国商人》。《林春蓝：宫廷绝技“复活”的传人》）

二、创新突破的意义

学习并且创新，技艺就会得到不断的突破和发扬，这就是创新的力量。然而，在工作中，很多人并不愿意开动脑筋，寻找新的解决方法。这主要是由于他们已经习惯于常规的思考方法，在遇到同类问题时，采用常规的思考方法就可以省去很多摸索和试探的步骤，可以少走弯路，从而缩短思考时间、节省精力，还可以提高成功率。但是久而久之，当人的思维固定在同一个模式当中时，无法发挥其主观能动性，就永远不会有创新。再者，世界万事万物都处于变化之中，如果一直照原来的方法去处理问题，就难以逃脱失败的命运。

但是，想要师古而不泥古，涉新而不流俗，首先必须要把前人的精华学到手。一定要以“师古”为前提，不“师古”就根本没资格谈“不泥古”也就做不到涉新，办不到不流俗。

在工作中也是如此，师古是必需的，但一定不能泥古，要懂得创新、敢于突破，才是真正的传承，才能真正把技艺发扬光大。

思考与分析

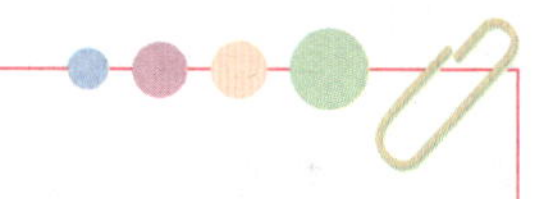

1. 创新进取的含义是什么？

2. 如何在本专业学习中做到创新突破？

学习情境二　转换思路，打破思维定式

案例导入

某电动汽车公司在创立初期就打破了汽车行业的传统销售模式——通过经销商网络进行销售。在这之前，汽车制造商通常依赖于庞大的经销商网络来委托销售他们自家的汽车，这意味着制造商需要将一部分利润让给经销商，同时还失去了对销售过程和客户体验的把控。

然而，这家电动汽车公司选择了直销模式，即直接通过公司自己的网站和零售店销售自家汽车。这种模式不仅提高了利润，还使得公司能够更好地把控客户体验和售后服务，及时调整品牌形象。

此外，他们还通过在线预订和预售的方式，打破了传统汽车销售的另一个思维定式。客户可以在自家公司的网站上预订他们想要的汽车型号和配置，并在汽车生产出来之后直接购买。这种方式不仅提高了销售的效率，也增加了客户的参与感，提高了客户的满意度。

这家电动汽车公司的直销模式不仅为汽车行业的销售方式带来了变革，也对整个行业产生了深远的影响。许多汽车制造商开始重新审视他们的销售策略，并思考实行更多样的销售模式。

这个案例展示了打破思维定式、寻找新的商业模式的重要性，同时也证明了创新能够带来显著的商业成功。

知识链接

一、转换思维模式的含义

人在固定的环境中工作和生活，久而久之会形成一种固定的思维模式，称为思维定式或惯性思维。它使人习惯于从固定的角度来观察和思考事物，以固定的方式来接受事物，爱用常用的思维方式思考，善用常用的行为方式处事。久而久之，就养成了根深蒂固的习惯。但是，这种因循守旧的思维方式是创新的“天敌”，在新时代强调“工匠精神”，目的之一就是鼓励大家要开拓创新，突破一成不变的思维定式。

在现代化不断发展的今天，有广阔的天地在等待人们去开发，有很多挑战需要人们去面对，如果突破了传统的思维定式，可能就会有很多了不起的发现。例如，航天飞机上天、月球探秘等。其实，敢于创新和突破一成不变的思维定式并没有我们想象中那么困难，只要开动脑筋，就一定会在工作中有所突破。这在石油大王洛克菲勒身上有着很好的体现。

工匠引领

石油大王洛克菲勒最初的工作

一位年轻人在一家石油公司上班，他每天的工作就是检查石油罐盖焊接好了没有。这是公司里最没出息的工作，没有人愿意做这份工作。年轻人上班的第一天，就找到公司经理要求调换工作。经理断然拒绝了他的要求：“年轻人，你没有工作经验，别的工作你干不好。”年轻人无奈地回到焊接机旁，继续检查那些油罐盖上的焊接圈。

既然好工作轮不到自己，那就先把这份枯燥无味的工作做好吧！

五个星期后，年轻人发现了一个被所有人忽略的细节：焊接好一个石油罐盖需要用39滴焊接剂。为什么一定要用39滴呢？在他以前，有无数人干过这份工作，但是从来没有人想过这个问题。年轻人开始认真测算试验，结果发现，焊接好一个石油罐盖，其实只需要38滴焊接剂就足够了。他非常兴奋，立刻为节省一滴焊接剂而开始努力工作。

原有的自动焊接机，是为每罐消耗39滴焊接剂专门设计的，用旧的焊接机无法实现每罐减少1滴焊接剂的目标。于是他开始研制新的焊接机。经过无数次尝试，他终于成功了。他就是靠着这1滴焊接剂，每年为公司创造了5万美元的利润。

这个年轻人就是后来的石油大王洛克菲勒。

（资料来源：《哈佛公开课：细节决定成败》）

换个角度，就换了一种思维，打破自己的习惯思维和固有思维，这样，必然会有不一样的结局出现。在现实生活中，人们解决问题时，常会遇到瓶颈，那是由于人只在同一角度停留造成的，如果能换一换视角，情况就会改观，创意就会变得有弹性。记住，任何事情只要能转换视角，就会有新意产生。

一些专家在研究汽车的安全系统如何防止乘客在撞车时受到伤害的过程中，也得益于通过转换思维方式来解决问题。最初他们想要解决的问题是在汽车发生冲撞时，如何防止乘客在汽车内因移动而受伤——这种伤害常常是致命的。在种种尝试均告失败后，他们想到了一个有创意的解决方法，就是不再去想如何使乘客在车内保持不动，而是去想如何设计车子的内部，使人在车祸发生时最大限度地减少伤害。结果，他们不仅成功地解决了问题，还开启了汽车设计的新时尚。

人们常常会遇到难以解决的问题，有的人会选择放弃，有的人会不达目的不罢休，而有的人会改变思路，寻找解决问题的新角度。毫无疑问，最后一种人是最有可能解决问题并大有收获的人。武汉钢铁股份有限公司质量检验中心高级技师朱有发在40余年的工作中，就在不断解决问题，专注质检创新。

创新来源于生产，服务于生产

朱有发，武汉钢铁股份有限公司质量检验中心高级技师。取得国家专利4项，国家发明奖4项，湖北省科技进步奖1项，省、市职工创新成果奖6项，武钢公司级创新成果奖10项。自制熔融炉，为武钢创造效益260多万元。

“作为一名工人，如果不懂得创新，又怎么去创造价值？工人和工匠最大的差别是什么？把事做完是工人，把事做好是工匠。”武钢股份有限公司质检中心化验分析工、高级技师朱有发在接受中国经济网记者采访时这样谈道。

在采访过程中，朱有发反复提及这句话：“每个创新成果的背后不是为了创新而创新，而是为了解决实际问题而创新。因为有些问题都是瓶颈性问题，迫切需要我们进行创新，我们工作室的生命力也在于不断解决新问题，不断研发出成果。企业的发展就是要靠不断地创新。”

在朱有发工作室的一个屋子里，摆放着4台埚模分离式熔融炉。其中一个是日本进口的，剩下三个都是由朱有发自行设计的一代、二代、三代产品。据悉，当年从日本进口一个电热式熔融炉的价格高达7万美元，而且用不了三个月就要更换。而朱有发凭着一股韧劲，从2004年开始，总共用了500多个日日夜夜，其间经历了常人难以想象的困难，终于在2006年成功研制出了第一台国产熔融炉，而这也是朱有发人生的第一个专利。在此之后，朱有发先后对设备进行两次更新换代，不断优化熔融炉操作系统，解决了以往因熔融质量不够稳定而影响矿石检验准确性的技术难题，并且减弱了此前操作强热、强辐射的问题。如今这套设备已被国内的钢铁同行广泛使用。

除此之外，由朱有发发明的矿石试样快速干燥装置、烧结矿全自动转股实验装置、X射线荧光分析试样电热式熔融炉、活性炭中活性度全自动测定仪等也开始被钢铁同行诸如“鄂钢”“马钢”等逐步应用于产业链的相应环节中，“毕竟我们研发的东西也是行业需要的东西”。

可以说技术创新不仅要着眼于生产服务需要，更要把握好每一个细节问题。此前有一位年轻的女大学生因为操作失误将手指肌腱切断，从此丧失了指甲的发育功能。于是朱有发带队升级原来的质检装置，由此发明了管式燃烧炉自动进样装置。如此一来，机器作业不仅代替了人工操作，大大避免了此类事件发生，而且还缩小了人工操作不一致可能带来的分析误差，为确保分析结果的准确性创造了条件。

（资料来源：中国经济网。《武钢人朱有发的匠心情怀——四十余年专注质检创新》）

朱有发在工作中遇到问题并在解决问题的过程中，进行着技术创新，这非常值得学习。遇到难以解决的问题，不能死盯不放，应该把问题转换一下，化难为易，达到解决问题的目的。

二、打破思维定式

聪明人可以把复杂问题简单化，不聪明的人会把简单的问题复杂化。事实上，解决复杂问题时能够化繁为简，就体现了一种新的视角。把不能办的事转化为能办的事，就多了一种观察和解决问题的新视角。寻求解决问题的新角度可以有很多的方法，例如，思考如何改变产生问题的条件，也就是思考如何通过改变事物存在与发展的决定条件，使其随之发生适应某个问题的某种变化，从而获得解决问题的办法或启示。过去的冰箱都是冷冻室在上面，冷藏室在下面。日本夏普公司进行了换位思考，发现用户对冷藏室用得较多，冷藏室放在上面会比较方便，于是设计冰箱时将二者换了个位置。但由于冷空气往上走的特性，改变设计后冷冻室的低温不能很好地利用，比较费电。于是，研究者就想办法，在冰箱内安上排风扇和通风管，把下面的冷空气提升到上面的冷藏室。经过条件转换思考，新型电冰箱既使用方便，又保留了原来省电的优点，受到了用户的欢迎。

打破思维定式的方法主要有以下几个方面：

（1）逆向思维：这是一种非常有趣和独特的思考方式。当我们习惯性地按照传统思维模式解决问题时，逆向思维能够给我们带来新的视角和创意。例如，可以考虑问题的相反方向，从结果往回推导，探讨原因和解决方法。这种方式能够打破我们的思维定式，并且让我们从全新的角度去考虑问题。

（2）多元思维：拥有广泛的知识背景和经验，能够将不同领域的思维和观点进行整理和结合。通过接触和学习不同的学科、文化和经验，可以拓宽视野，激发创新思维。

（3）挑战定论：对既有的观念和假设提出质疑，并寻找证据和观点来支持或反驳这些定论。不盲目接受传统观念或权威说法，而是保持独立思考，勇于挑战和验证。

（4）合作创新：与他人合作，在共同努力下创造出创新的解决方案和机会。通过与他人交流和合作，可以引入新的思维方式和观点，从而打破个人思维定式。

（5）模拟思维：利用想象和模拟的方法，将自己置身于不同的情境和角色中，以寻找新的观点和解决方案。通过模拟不同的情境和角色，可以更好地理解问题，并产生新的创意和想法。

（6）不断学习：保持好奇心和求知欲，努力学习新知识、新技能，并将其应用到实践中。通过不断学习，可以更新自己的知识和思维方式，避免陷入思维定式。

思考与分析

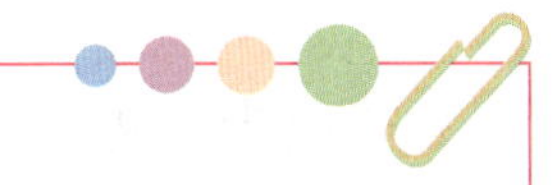

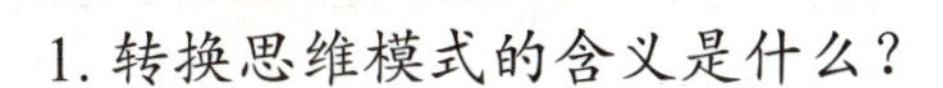
1. 转换思维模式的含义是什么？

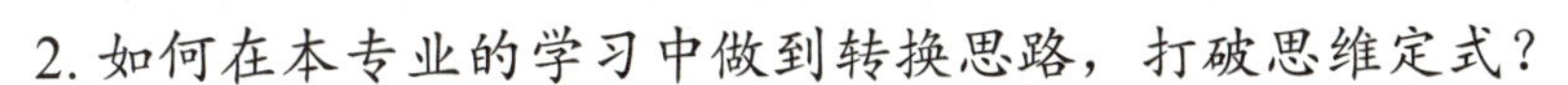
2. 如何在本专业的学习中做到转换思路，打破思维定式？

学习情境三　敢为人先，勇攀高峰

案例导入

20 世纪初，人类刚刚开始探索太空的奥秘。当时，许多科学家和探险家都认为，人类无法在太空中生存，因为太空环境非常恶劣，没有空气、水、食物等生命必需条件。然而，一个名叫尤里·加加林的年轻人却不这样想，他相信人类可以在太空中生存。于是他开始进行各种实验和训练，准备向这个未知领域发起挑战。1961 年，加加林成为第一个进入太空的人。这个举动震惊了世界，让人们意识到人类或许可以在太空中生存。此后，越来越多的宇航员进入太空，探索这个神秘的领域。加加林的成功不仅在于他的勇气和毅力，更在于他敢为人先、勇攀高峰的精神。他不受传统观念的限制，坚信自己的想法，并为此付出了巨大的努力。

这个案例告诉我们，只有敢于挑战传统、勇攀高峰的人，才能在事业上取得巨大的成就。同时，这种敢为人先勇攀高峰的精神也能够激励更多的人不畏艰难险阻，勇敢地追求自己的梦想。

知识链接

一、敢为人先的含义

“敢为人先”，顾名思义，就是敢于做别人没有做过的事，敢于走前人没有走过的路。它体现着一种“咬定青山”般敢想敢试、锐意进取的精神风貌，体现在勇立时代潮头、善开风气之先、敢于争创一流的胆识与魄力之上。

杰出的工匠都有“敢为人先，勇攀高峰”的气魄。他们善于将经验技艺与当代科技完美结合，不怕失败，一步一个脚印地走向成功。他们善于发现需求，发奋攻坚，实干巧干。他们能正确估量自己的实力，善于发挥团队的合力，勇于担当。“敢为人先，勇攀高峰”，不是一句空洞的口号，而是有理想、有胆识、有坚韧的超越精神。

沂南县田园综合体——朱家林的设计师宋娜就是有着这种精神的人。

宋娜：唤醒旧物的新生命

在山东沂蒙山区的深处，有一个遗落在大山怀抱中的古村落——朱家林，地处岸堤镇西北部，是一个典型的山村。与众多村落一样，随着城市化浪潮的到来，朱家林逐渐衰落，原本三百多人的村子现仅剩下一百多人，大部分老房子空置，有些甚至已坍塌成为废墟。这里的街道随着地势变化而变化，大街小巷宽窄不一，路面硬化。

2016 年，由于一位姑娘——宋娜的到来，这个被遗忘的村子又重新焕发了新生。她和她的小伙伴们发起了一场“共建共享乡村”的实践，并且把这里打造成了国家第一批田园综合体试点项目。

宋娜出生于沂水县，从小就对艺术设计感兴趣的她从警察学校毕业后，放弃了到某法庭就业的机会，专门去临沂大学拜师学习建筑艺术设计和环境艺术设计。2008 年她只身来到浙江，创立了杭州厚品设计工作室，先后完成了 10 万平方米的概念酒店、假日酒店的项目设计。

作为在外打拼了十几年的游子，她时常思考着怎么能为家乡做点事情。宋娜说，南方由于乡建比北方起步早，模式已经比较成熟，同时还聚集了一批 IT、电子商务等新型产业。她特别希望能将南方的发展经验带回家乡，与家乡父老共享。

宋娜是朱家林项目的发起人，同时也是一名职业设计师，她首先对朱家林做了定位。

第一，不把老百姓们迁出去。要和老百姓们一起发展，和老百姓们一起建立可以共建、共享的乡村。

第二，提供开放的平台。不把地圈起来独资开发，而是形成平台之后，吸引各种社会资源加入，包括一些设计师、创意人才和投资企业。

第三，让年轻人返乡。山东出去的人才特别多，尤其是艺术生，像中国美术学院、中央美术学院的山东学子都很多，但真正能够关注家乡、返回家乡建设的却非常少，因而需要更多的家乡人和智慧资源来加入。

这片浓郁的山川浸染着这里的生活，宋娜想要将生活本来的样子还原呈现出来。她先后建了三间民宿，分别是织布主题民宿、青旅主题民宿和木作主题民宿。

织布主题民宿：院子原为一栋破旧的房子，大约建于20世纪90年代。宋娜保留了老房子，在院子里加盖了东西两间厢房。新砌的院墙和西屋，运用了老石头，再加上现代开窗，部分空间还用了U形玻璃作为对比。将原有的老房子改为两间民宿，用了老木头和榫卯结构，仍显质朴的风格。

青旅主题民宿：青年旅舍原为村支书的房子，是一栋抹白的房子，空间也大，于是宋娜决定将其做成青年旅舍。她保留了房子白色的外形，这也就成了村里唯一的一栋白房子；内部搭建两层，采用榻榻米床铺；屋顶做成花园，并与木作主题民宿相通。

木作主题民宿：原为一栋石头房子，宋娜保留了院墙，顶部采用了U形玻璃。大门做了更改，局部运用不锈钢板。院子里的主屋和西屋保留，主屋做了房中房的设计，南屋为木工作坊，院子里的一棵大杏树也被包进了房子里。

朱家林的乡村实践，把设计变为营造：设计师住到村子里，在现场进行设计，全面参与施工过程，并在施工中与村子里的工匠们一同协作。同时，设计也与生活融为一体，在自然和田园中从事设计，也是一种设计方式的探索。

两年前，这里还跟所有山沟里的特困村一样，荒远偏僻、落后闭塞、房屋破败、毫无生机，青壮年外出打工，老弱病残留守家中。然而在今天，朱家林村却因为宋娜这个80后姑娘的到来，发生了翻天覆地的变化。

对于未来，她满怀信心：待明年此时，一座不用门票，集生活、生产、生态产业于一体的新型景区将初具规模，陶渊明笔下的“桃花源”式的生活将在这里得到展现。城里的市民将新添一处休闲旅游度假的目的地，朱家林村群众的生活也会像芝麻开花一样节节高。

（资料来源：齐鲁网。《临沂姑娘在外打拼，返乡与村民共享共建“桃花源”，把日子过成了诗》）

许振超：普通工人成长为世界桥吊专家

1974年，许振超初中毕业后到青岛港当了一名码头工人。他操作的是当时最先进的起重机械——门机。许振超勤学苦练，7天就学会了操作门机，成为当时在一起学习的工人中能独立操作的第一人。

然而，会开容易，开好难。师傅开门机，钩头起吊平稳，钢丝绳走的是“一条线”。到了许振超手里，钩头稳不佳，钢丝绳直打晃，特别是矿石装火车作业，一钩货放下，撒在车外的比进车内的还多。看到工人们忙着拿铁锹清理，许振超十分内疚。还有，矿石装火车，装多了，工人要费不少劲扒去多的；装少了，亏吨，货主不干。

为了早日熟练掌握门机这项技术，每次作业完毕，别人歇着了，许振超还留在车上，练习停钩、稳钩。四五个月后，他开的门机钢丝绳走起来也“一条线”了，一钩矿石吊起，稳稳落下，不多不少，正好装满一车皮。这手“一钩准”的绝活，很快就被大家传开了。

1984 年，青岛港组建集装箱公司，许振超当上了第一批桥吊司机，他又钻研上了。桥吊作业有一个高、低速减速区，减速早了，装卸效率下降，减速太迟，又影响货物安全。于是，他带上测试表反复测试，终于成功地将减速区调到最佳位置。以前一台桥吊一小时吊十四五个箱子，改革后能吊近 20 个箱子，作业效率提高了四分之一。

1991 年，许振超当上了桥吊队队长。他在工作中发现，桥吊故障中有 60% 是吊具故障，而故障主要是由于起吊和落下时速度太快，吊具与集装箱碰撞造成的。他提出，这么操作不仅桥吊容易出故障，货物也不安全，必须做到无声响操作。司机们一听炸了锅：“集装箱是铁的，船是铁的，拖车也是铁的，这集装箱装卸就是铁碰铁，怎么能不响呢？”桥吊队实行的是计件工资，多吊一箱就多挣一份钱。搞无声响操作，轻拿轻放，不明摆着要降低速度，减少收入吗？许振超没多解释，自己动手练起来。他通过控制小车水平运行速度和吊具垂直升降之间的角度，操作中眼睛上扫集装箱边角，下瞄船上装箱位置一点，手握操纵杆变速跟进找垂线。打眼一瞄，就能准确定位，又轻又稳。然后，他专门编写了操作要领，亲自培训骨干并在全队推广，以事实说服人。于是，“无声响操作”又成了许振超的杰作、青岛港的独创。

许振超的维修技术在公司出了名，公司奖励了他一台传呼机，许振超的传呼机一天 24 小时都开机，只要桥吊有故障，随叫随到，随到随修。掌握了修桥吊技术的许振超仍不满足，因为作业中桥吊一旦发生突发故障，如果不能及时排除，将对装卸效率和船东利益造成严重影响。许振超又提出了一个新目标——“15 分钟排障”。他从解剖每一个运行单元入手，不断探索，终于做到心中有数，手到“病”除。目前，桥吊队从接到故障信息，到主管工程师到场排除，已缩短到 15 分钟以内。

2001 年，青岛市和青岛港集团实施外贸集装箱西移战略，启动前湾集装箱码头建设。然而，由于种种原因，直到11月下旬，桥吊安装仍然没有大的进展。关键时刻，青岛港集团总裁常德传现场发布任命：许振超任桥吊安装总指挥，于年底前完成桥吊安装。接下任务，许振超办了两件事：一是打电话告诉爱人，从现在起到年底一个多月不能回去，让她放心；二是买了10箱方便面，往现场一扔。

前湾码头当时还是一片荒地，现场办公就在工地上的一个集装箱里。零下十多摄氏度的天气，集装箱里里外外一样冷。每天早晨脸盆里的水都冻成冰坨了，穿上工作鞋都要先跺几分钟。吃饭要到三里地以外，错过饭点只能干啃方便面、凉馒头；睡觉就在集装箱一角铺上硬纸壳加大衣。有一次许振超发烧，几天不退，身子像散了架一样，走路都发飘。但晚上给家里打电话仍是那句“工程进展顺利，我一切都好”。妻子许金文和女儿小雪放心不下，乘轮渡到码头上看望许振超。只见他眼里布满血丝，嘴上裂着口子。荒凉的前湾码头空地上，只有两个铁皮集装箱。其中一个就是许振超的办公室兼卧室，里面的“家当”有三件：一把电水壶，一件军大衣，一张硬纸壳。妻子含着眼泪说：“这么苦，你的身体怎么受得了？”许振超笑笑说：“做心里喜欢的事，就不觉得苦。”

经过40多天的奋战，重1 300吨、长150米、高达75米的超大型桥吊，终于盖立在了前湾宽阔的码头上，许振超和工友们都激动地流下了热泪。然而，由于长时间处于湿冷的环境中，许振超的风湿病又加重了，走起路来左腿常常不敢吃劲，直到现在，每天晚上睡觉时，都得穿上厚厚的毛袜子。

随着港口西移战略的顺利推进，一个念头在许振超脑海里越来越强烈：提高装卸效率，创造集装箱装卸世界纪录！

2003年4月27日，青岛港新码头灯火通明，许振超和他的工友们在“地中海阿莱西亚”轮上开始了向世界装卸纪录的冲刺。20：20分，320米长的巨轮边，8台桥吊一字排开，几乎同时，船上8个集装箱被桥吊轻轻抓起放上拖车，大型拖车载着集装箱在码头上穿梭奔跑。安装在桥吊上的大钟，记录下了这个激动人心的时刻。4月28日凌晨2：47分，经过6小时27分钟的艰苦奋战，全船3 400个集装箱全都装卸完毕，许振超和他的工友们创下了每小时单船效率70.3自然箱和单船效率339自然箱的世界纪录。5个月后，他又率领团队把每小时单船效率339自然箱这个记录提高到了每小时381自然箱。

青岛港集装箱“10小时完船保班”这块品牌，让这项纪录更加金光闪闪，“振超效率”扬名国际航运界！

而许振超总是谦虚地说："装卸效率是集体协作的结晶，现代化大生产说到底最需要团队协作，仅凭我一个人，就是一身铁又能打几个钉。"几十年来，许振超创出了许多绝活，也带出了一支会干绝活还能创新的团队。现在，队里涌现出了许多像他一样的装卸专家，不少技术主管成功地主持了许多桥吊的电控改造，桥吊队维修班还改进了桥吊钢丝绳更换方式，大大缩短了换钢丝绳的时间——这个时间在全国沿海港口中是最短的。

更令许振超和他的桥吊队振奋的是，"振超效率"产生了巨大的名牌效应，青岛港在世界航运市场的知名度越来越高。一年来，海内外许多知名航运公司主动寻求与青岛港合作，纷纷上航线、增航班、加箱量，仅短短8个月时间，青岛港就净增了13条国际航线，实现了全球通。

在热火朝天、一派繁忙的青岛港码头，许振超，这位朴实的"老码头"指着海上熙来攘往的货船。他说了一向很朴素的话："货走得快，走得好，咱心里就踏实。"

（资料来源：人民网。《民族复兴的脊梁——记新时代的工人许振超》）

许振超从练就岗位绝活到创造世界纪录，实现了一次又一次的自我超越，展示了当代中国产业工人敢想敢干、永攀高峰的精神风貌。

思考与分析

1. 敢为人先的含义是什么？
2. 如何在本专业的学习中做到敢为人先，勇攀高峰？

学习情境四　对技艺的追求没有尽头

案例导入

托马斯·爱迪生是一位著名的发明家，他的一生充满了成就和创新。然而，他的成功并不仅仅是因为他的天赋和灵感，更是因为他对技艺的追求没有尽头。爱迪生从小就表现出对科学的浓厚兴趣，他不断地进行实验和研究，探索未知的领域。他的发明包括电灯、留声机、电影摄像机等众多改变人类生活的创新产品。然而，爱迪生并没有止步于此。他不断进行研究和实验，追求更高超的技艺和更深入的创新。他在晚年时还进行了许多重要的发明和创造，包括蓄电池、长途电话等。直至80多岁，他都还在进行实验和研究。他的技艺和创新能力使他在科学界和商业界都取得了巨大的成功。

这个案例告诉我们，只有对技艺的无止境追求，才能在科学和商业领域取得巨大的成功。同时，这种追求也能够激励更多的人不断学习和探索，不断提高自己的技能和能力。

知识链接

一、什么是精进精神

真正目标远大、理想高远的人，永远不会满足于当前，永远不会止步于当下，而是永远在追求，永远在进取，永远向着最好、最优秀前进。这便是精进的品质。所谓精进，就是精明上进、锐意求进的意思，原本是佛教用语，意为坚持修善法、断恶法，毫不懈怠。把这个词放在工作中，放在传承工艺技术和工匠精神中时，其意思就是对技艺的精益求精、不断进步，最终使技艺达到炉火纯青、登峰造极的水平。精进，正是工匠精神的重要内涵，是无数技艺精湛的手艺人成为大师、成为流芳千古的大匠的原因。

例如，山东的根雕艺人于凤宝，就通过不断钻研、不断创新、不断进步，终于使自己手上的技艺达到了炉火纯青的地步。

沂南腹地的根雕艺人——于凤宝

根雕艺术已传承五代，历经百年。于凤宝，工艺美术师，山东省沂南县元宝根艺馆馆长。

在山东省沂蒙山区腹地沂南县，更新换代的果树枯木、老根在过去只能用于烧火做饭，如今却成为艺术家们的创作素材和致富资源。20多年来，于凤宝与根雕为友，将岁月刻在一个个普通的树根上，经过去皮、造型、雕刻、打磨、上色等几道工序，惟妙惟肖的人物雕像、高大威猛的动物雕像等一件件栩栩如生的根雕作品就呈现出来。

2002—2006年，于凤宝在大连香炉焦花鸟市场专门从事根雕创作。2003年，他有幸师从中国根艺协会主席马驷骥先生。2006—2007年，于凤宝到云南从事根艺调研。2008年，他受老挝帕它拉锯木厂邀请，指导雕刻艺术。这些年的走南闯北、学习研究，使他的根雕创作水平得到了质的飞跃。于凤宝的根雕艺术，在祖传木雕的基础上，融合了北方的粗犷、巧雕和南方的木雕、细雕。于凤宝坚持“依形定位、尽保自然、兼融意象、彰显完美”的创作原则，逐渐形成了自己的“自然美、意象美、艺术美”的“三美”艺术风格。他创作的作品多次在全国、省、市的展览会上获奖，有些作品还被国外友人收藏。

在长期的根雕创作生涯中，于凤宝师法于自然而又不拘泥于自然，善于借鉴古人而又敢于突破和创新，并能够触类旁通，从兄弟艺术门类中汲取精华并运用到自己的根雕创作中。在继承传统木雕注重细节雕刻的基础上，还注重结合木质材料以及树根的天然形态、肌理色泽。通过三十多年的努力，于凤宝已基本形成了自己的风格，并影响了一批根雕艺人，创立了以他为代表的于氏根雕流派（见图14）。

图14　于凤宝根雕创作

（图片来源：百度）

于凤宝的作品造型美观，纹理构造彰显诗情画意：粗犷处一刀不奏，显示自然风貌；精巧处细致入微，神态毕现。他根据构图，巧用技法来表现根雕的意境，创作的作品形神兼备，具有非常高的艺术价值。同时，于凤宝的作品形式丰富且擅于变化，注重人物、山水、花鸟、走兽等雕饰，作品色泽清淡，格调高雅，保留了原本的天然形态，受到收藏界和其他各界名流的喜爱。

于凤宝创作的根雕作品曾获得多项大奖。2013年，于凤宝的根雕艺术被列入临沂市非物质文化遗产，2015年被列入山东省非物质文化遗产。

沂南元宝根艺文化博物馆进校园，是临沂市职业信息学校与沂南元宝根艺馆合作创新的成功范例。学校免费提供800平方米实习教学场地，于凤宝在此建立了沂南元宝根艺文化博物馆。博物馆共设10个展厅，以非物质文化遗产传承人、馆长于凤宝创作、收藏的作品为主打，共展出了311件作品，用实物、文字、图片、灯光、音响相结合的方式，分门别类、全方位地展示根艺文化的魅力。通过沂南元宝根艺文化博物馆这个平台，临沂市职业信息学校向学生和社会推介根雕艺术，供全校师生与社会各界人士进行根艺文化的学习、交流与研究。

秀美的沂蒙山人杰地灵，有着浓厚的文化底蕴。和于氏根雕相得益彰的“徐公砚”也闻名遐迩，以张玉杰为首的土生土长的工匠艺人，通过对艺术的执着追求和对沂蒙大地深沉的爱，让“徐公砚”厚重的文化气息得以发扬光大。

沂南石匠艺人张玉杰

张玉杰，1975年出生于山东沂南，自小生长在“徐公砚石之源”的沂蒙山区徐公店，从小时候的挖石逐渐演变成后来的爱石。正是在这个时候，山东著名艺术大师石可先生首提“鲁砚说”。在鲁砚家族中，徐公砚占有重要地位，因此，石可先生经常到砚石沟觅石，也就是在那里，张玉杰得以经常目睹石老先生的风采。当张玉杰知道大名鼎鼎的姜书璞、刘克唐都是石可先生的学生后，更是对石老先生敬慕不已，奉他为偶像。“近水楼台先得月”，对技艺的追求让张玉杰格外用心，一有时间就聚在中国工艺美术大师刘克唐左右“偷艺”，深受刘克唐喜爱，遂纳其为徒。

“功夫不负有心人”，经过长期的学习、实践，张玉杰悟出真谛，苦练“三功”：选择石料，练熟懂石品；妙选砚堂，练审读砚石；铭文刻题，练摹帖刀耕（见图15）。前两者，对张玉杰来说还比较轻松，全凭观察实践，多看多悟；后者却要吃“悬梁锥刺”之苦，除了观察实践、多看多悟，还要伏案苦读、铁笔寒窗。

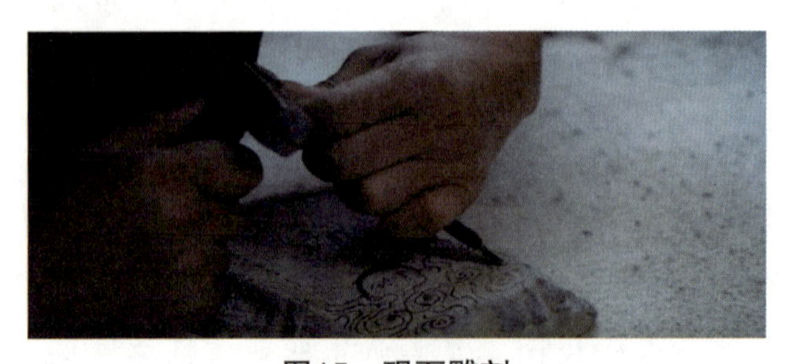

图15 砚石雕刻

（图片来源：新浪博客）

艺无止境。目前，张玉杰的懂石、读石之道，已近纯青，尚在百尺竿头；镌铭之功，则已可入大庭。楷、隶、草、篆、甲骨、钟鼎，隽永飘逸，但仍须精益求精。

以张玉杰等为代表的新生代徐公砚匠人，深感当下徐公砚蓬勃发展态势下的隐忧，正博取众家之长，继承姜书璞“自然天成”的风格，并吸取刻瓷等技艺之长，从提升徐公砚艺术品位入手寻找出路。艺无止境，活到老，学到老。

此外，还有国画大师齐白石，从一个乡村木匠开始，不断进取、不断向前，终于成为一代巨匠，也很好地为我们树立了对技艺追求没有尽头的典范。

国画大师齐白石

齐白石是我国著名的国画大师，世界文化名人，曾被授予“中国人民艺术家”的称号。但他早年只是一个乡村木匠，直到60岁时才成为知名画家，典型的大器晚成。

齐白石，1864年出生于湖南省湘潭市的一个寒门之家，8岁开始入蒙馆读书，不到一年，便辍学在家，开始跟着本家叔祖学习大器作木匠。大器作木匠，就是专门盖房子、做桌椅板凳和种田工具这类粗活的木匠。16岁时，齐白石投师到周之美门下，改学雕花木艺，雕花木艺比大器作更加精细。齐白石看着生动的花样子，打心眼里喜欢。他学得很有兴致，师父见他聪明好学，也教得格外认真，齐白石手里出来的花样子越来越生动精致，刀法运用也越来越自如。他还特意将平日里自己所画的花卉、果实加入代代相传、一成不变的传统图案中，又根据乡里人喜闻乐见的吉庆事勾勒出许多人物故事，创造了许多有意思的新花样，很受人们的喜欢。渐渐地，他成了方圆百里内小有名气的“艺术匠”。

齐白石正式学画时，已是27岁了，拜胡沁园、陈少蕃为师。这时他家中人口众多人生活困难，齐白石意识到，自己不能像其他人那样学画，要争取一切时间加紧学习，必须快马加鞭，一天当两天，甚至当三天、四天学才行。于是他不顾疲劳，拼命地学习。在两位老师的悉心教导下，齐白石的书画大有长进。他很快就进入了文人雅士的社交圈子，读书学画，让他眼界渐宽、画艺渐长。他收起斧锯钻凿，拿起画笔，决定卖画养家，向乡间文人和画师方向转变。

从1864年到1901年，齐白石从没有离开过故乡，乡间的事物成了他画作中的常客。别的画家不屑于理会的锄头、铲子、小虫、青蛙，甚至老鼠，都跃然于他的画纸之上。他的画朴素自然，仿佛能闻到来自乡村的气息，听到孩童们稚嫩清脆的歌谣。

57岁时，他独自北上到了北京，住在法源寺内。在这里，他遇到了平生的知己陈师曾。陈师曾应邀去日本参加中日联合绘画展览会时，携带了数幅齐白石的花卉、山水画，供展览出售。没想到，画一挂出来，便销售一空，花卉画每幅卖了100银币，二尺山水画更是卖到了250银币。不仅如此，法国人也拿了齐白石和陈师曾的画，准备参加巴黎展览会。日本人还专门为他们拍摄了纪录片，在东京艺术院放映，轰动一时。从此，齐白石的艺术创作渐入佳境。

在齐白石这个岁数，其他的画家早已功成名就，稳步不前。唯有他，不满足于自己已有的成绩，追求更高的境界。他还发誓："余作画数十年，未称己意，从此决定大变，不欲人知，即饿死京华，公等勿怜，乃余或可自问快心时也。"

从1920年到1929年这10年间，他以超乎常人的意志和毅力，关门谢客、潜心研究，不断摸索适应自己才秉、气质和学养的艺术道路。从原来刻意追求和模仿前辈大师到信手拈来、任意发挥，从疏朗冷逸到热烈厚重，齐白石的转变经历了一个痛苦而漫长的过程。1928年，"十载关门"的齐白石在花鸟画上变法的新风格已经成熟，他的艺术在这一刻破茧而出，大放异彩，从此进入了一个"一花一叶扫凡胎，墨海灵光五色开"的自由境地，带有强烈齐白石个人符号的"红花墨叶"派画风开始独步画坛。

师法自然，匠心独具，融入自我，齐白石的变法不是简单的、形式上的变，而是一场荡气回肠、轰轰烈烈的"核裂变"。就这样，齐白石从一个乡村木匠到一个艺术上的多面手，诗书画印，无一不精。花鸟、山水、人物，无一不能。他曾说："作画妙在似与不似之间，太似为媚俗，不似为欺世。"正是这样一个不欺世媚俗、执着追求的艺术大师，才给后人留下了一件件和谐奇趣、寓意无穷的传世佳作。

（资料来源：摘自《传承工匠精神 争做优秀员工》。）

不仅齐白石，无数先贤的人生轨迹也说明：立志高远、不断追求、永不满足、永远进取，人生才趋于完美。例如，至圣先师孔子学琴的故事，也是一个使技艺不断精进的典范。

孔子学琴的故事

在《史记·孔子世家》和《孔子家语·辩乐解》里都有记载孔子学琴的故事。

孔子年轻的时候，曾向鲁国一位叫师襄子的乐官学琴。

孔子跟师襄子学琴以后，不久就会弹了。师襄子对孔子说："这首曲子你已经弹得不错了，可以学新的曲子了。"孔子回答："不行，我还没有掌握它的弹奏技巧呢。"

孔子练习了一段时间后，师襄子对孔子说："你现在已经掌握了这首曲子的弹奏技巧，可以学新曲子了。"孔子又说："不行，我还没有体会到这首曲子的意境。"

又过了一段时间，师襄子说："你已经体会到它的意境，这回可以学新曲子了。"孔子却说："不行啊，我还不知道这首曲子是谁写的。"

就这样，孔子始终在弹奏同一首曲子。有一天，孔子在弹奏中忽然心有所悟，他站起来眺望着远方说："我知道这首曲子是谁作的了，这个人皮肤黝黑，身材修长，胸怀开阔，志向高远，除了周文王还会是谁呢！"

师襄子听后马上站起来，一边向孔子行礼一边说道："这首曲子就叫作《文王操》。"

从"孔子学琴"的故事可以看出，孔子学琴不是浅尝辄止，而是端正心态、精益求精。孔子弹琴时心意专一，人与曲合，从而豁然贯通、心有所得。

孔子通过学琴这种日常活动来砥砺意志、锻炼心性，而且孔子从来没有满足于自己的技艺，而是不断学习、持续进步，不做到最好不罢休，最终使自己的技艺达到炉火纯青的地步。

二、技艺追求永不止步

随着"商业化、职业化"的趋势越来越明显，人心浮躁，功利心日增。尤其是一些工作岗位上的年轻人，眼高手低，不肯踏实完成自己的工作任务，往往浅尝辄止，蜻蜓点水式地应付差事，就更别提练就完美技艺了。如何能练就完美的技艺？就是不能满足于现状，要深入学习、潜心思考、勤奋练习。日本著名企业家稻盛和夫提出了六项精进的修行之道以练就自己，让自己的技艺更完美。

（1）付出不亚于任何人的努力。

（2）要谦虚，不要骄傲。

（3）每天要反省。

（4）活着，就要感恩。

（5）积善行，思利他。

（6）不要有感性的烦恼。

人生只有不止步于眼前的美好，永不停止地前行，才能变得丰富多彩。只有不断地追求，才能收获更多的美好，绽放极致的美丽。泰戈尔曾说过：“只管走过去，不必逗留着去采了花朵来保存，因为一路上，花朵会继续开放的。”只要愿意努力、不断进取、精益求精、永不满足，技艺就会越来越精湛，直至登峰造极。不管在多么普通的岗位上，只要不断追求、永不止步，就会有闪亮的成就。

思考与分析

1. 有了一技之长，还需要学习吗？为什么？

2. 谈谈你对“技艺追求永不止步”的理解。

学习情境五　用创新创造引领生命新航线

案例导入

玛丽·居里是一位著名的物理学家和化学家，她因在放射性领域的开创性工作而闻名于世。她不仅在科学理论上做出了重大贡献，还通过创新创造推动了科学实验的发展。

在她的研究生涯中，玛丽·居里发现了放射性元素钋和镭，并研究了它们的性质和作用。她提出了放射性元素的科学分类方法，为后来的科学研究奠定了重要的基础。

除了她的科学研究，玛丽·居里还通过创新创造推动了科学实验的发展。她发明了一种新的实验设备，可以更好地测量放射性元素的性质和行为。她的发明不仅为科学实验提供了更好的工具，也为后来的科学研究提供了更多的可能性。

玛丽·居里的创新创造不仅在科学领域产生了重大影响，也对社会和人类的发展产生了积极的影响。她的研究为放射性医学、核能等领域的发展创造了条件，为人类带来了更多的科技进步和文明发展。

一、树立创新意识

中国现在提倡“大众创业，万众创新”，其实无论创业与否，只有以匠人的精神做好最基础的事，创新就是有可能的。创新并不是高不可攀的事，每个人都有某种创新的能力，但大多数人都有一种惰性，没有创新思维，压根不去想创新的事。他们一切都按固定的模式去做，结果做来做去，平平庸庸，没有丝毫改变和进步。

在日常生活中，每个人都是投石问路者，或难或易，或明或暗，或悲或喜，仿佛不停地挣扎在一个个“陷阱”之中。而有效的创新会点亮人生火花，帮助你实现梦想，走出“陷阱”。谁有创新思维，谁就会成为赢家。谁要拒绝创新，谁就会成为平庸之辈。一个有着思考创新习惯的人，绝对会拥有闪亮的人生。

工匠引领

“工人发明家”——李超

从一名普通的钳工，到负责设备运行维护的技术“大拿”，是什么让这位一线工人成为人人佩服的“发明家”的呢？

李超现任鞍钢股份公司冷轧厂4号线设备作业区作业长，鞍山钢铁集团公司特级技师，鞍钢技术专家，长期从事生产一线的设备改造、设备保障及研发工作。曾获全国劳动模范、全国五一劳动奖章等多项荣誉称号。

认识李超的人都知道，李超爱学习、善学习。20多年来，李超一直坚持不懈地学文化、学技术。他认为企业越发展，越需要工人有文化、有技术。李超特别信奉终身学习的理念，始终如一。

刚进厂时，李超文凭不高，仅是初中技校学历。在之后的8年里，他把几乎所有的业余时间都用在了补习高中课程、上夜间大学上，最终取得了冶金机械专业大学本科文凭。

不只是学校学习，平时工作中的李超也非常注重向老工人们学习。每个老工人都有自己的技术诀窍，李超把他们都当成自己的师傅。“勤干、勤问、勤走”是李超的学习工作法宝。李超说，自己最大的遗憾就是入厂之后并没有一位一直跟随的师傅，但是，向众多老师傅学习也让他学到了很多的技术诀窍，他也从老师傅们身上学到了“鞍钢精神”。

李超参加工作以来，先后解决生产难题260多项，获得国家科技进步二等奖1项，国际、国家发明展览会金奖2项，辽宁省及鞍山市自然科学学术成果奖1项；获国家发明专利7项，专有技术4项。此外，65项成果获鞍钢集团和厂以上奖励，创造经济效益1.5亿元，被鞍钢公司聘任为特级技师。在第八届中国发明创业奖评选中，被授予发明创业奖的“当代发明家”称号。

李超爱解决问题，在工作中每解决一个问题都会让他非常开心。在工作中每每遇到难以解决的问题时总会使他想要创新，想要另辟蹊径来加以解决。

李超立足企业生产经营和改革发展的现实需要，坚持不懈地通过发明改造解决各种设备和技术关键问题。

李超主导完成的“酸洗活套段改造”工程项目，使设备故障时间由几百小时降为全年3小时，大幅提高了设备作业率，使冷轧厂在只能利用一条生产能力仅40万吨的生产线的不利条件下，完成了创纪录的100万吨产量，获得冷轧厂当年唯一的特等奖。他作为清洗机组的专业负责人，主要承担新建机组的专业技改工作，历经两年，填补了鞍钢公司清洗板材工艺的空白，提升了冷轧产品的表面质量。

为了满足汽车板开发的需要，李超研发完成了“冷轧机乳液分区自动吹扫装置的研发和应用”项目，成功解决了鞍钢冷轧联合机组带钢乳液残留问题，使鞍钢冷轧汽车板能够稳定地批量生产。他成功实现了欧五标准的合格率提高36%、现场噪声降低25%，带动汽车板销量大幅提升，累计创效4 500余万元。

为满足集团公司调整品种、技术升级的要求，李超又对提升产品质量及拓展设备功能精度的项目进行技术革新立项，对重卷机组的23银矫直机、圆盘机、涂油机等关键设备工艺进行升级。他还解决了进口设备雾滴分离器不能发挥环保作用、造成环境污染的难题，让外方专家惊叹不已。李超说：“中国的技术工人不逊色于世界上任何一个国家的技术工人。”

李超用创新补足增加成本的短板、治愈浪费能耗的出血点，为企业降本增效做出贡献。2005年下半年，2号线清洗机组开始全面热负荷运行，这条高密度电流清洗线是一项新技术产线，IH型不锈钢化工离心泵机械密封轴承在热负荷试车后开始频繁出现故障，平均一个月左右机械密封轴承包括接手就都会损坏，全线 24 台离心泵花费的备件费用高达 60 万元。李超了解到这一情况后，主动和点检员一起分析备件损坏的部位和原因，并同其他产线对标，制定改进方案。改进后离心泵使用寿命由原来的一个月增加到 6 ~ 8 个月，超过了额定使用寿命，极大地节省了备件费用，降低了故障率。2007 年，冷轧厂建第二条清洗线时，原样移植了这套技术，避免再走弯路，取得了良好效果。

“我们这一代工人，如果有什么问题研究不明白，会觉得脸红。”李超说。正是创新创造、探索不止的劲头，让李超取得了如此多的成就，成为企业“万众创新”当之无愧的先锋代言人，走出生命的新航道。

（资料来源：人民网。《李超——学习创新成就“工人发明家”》）

二、创新的意义

创新不是标新立异，也不是矫揉造作，而是在继承传统好做法、好经验的基础上的一种创造，所以创新必须把握一个“度”，把握好哪些可以创新，哪些必须守住传统，三思而后行，才能真正使创新有意义。盲目和随意地改变，不仅带不来创新，还会丢失了传统，这是不可行的。对工匠如此，对手艺如此，对员工如此，对工作更是如此。

在工作中，有的人常常恪守成规，一味按照前人的做法或盲目跟从别人去做一些事情，没有独立地思考，更没有改变或者创新的想法，一心只想盲目地效仿，根本不去思考适不适合自己，还有没有更好的做法，这样是对工作不利的。

从社会层面来看，工匠精神创新是推动社会进步和文明发展的重要力量。工匠精神强调对工作的专注、执着和精益求精，这种精神在创新过程中得到了充分的体现。通过工匠们的创新努力，我们能够不断推动技术进步，改善生产方式，提高生产效率，从而推动整个社会的经济发展和文明进步。

对企业而言，工匠精神创新是企业生存和发展的关键。在竞争激烈的市场环境中，只有不断创新，才能在竞争中脱颖而出。工匠精神所强调的敬业、精益、专注和创新等方面的内涵，正是企业在创新过程中所需要的。通过培养员工的工匠精神，企业可以激发员工的创新潜能，提升产品质量和服务水平，增强企业的核心竞争力。

在个人层面，工匠精神创新对个人的成长和发展也具有重要意义。具备工匠精神的

个人，在工作中会不断追求卓越、注重细节，勇于尝试新的方法和思路。这种精神可以激发个人的创造力和创新能力，帮助个人在职业生涯中取得更好的成就。同时，工匠精神也可以培养个人的耐心和毅力，使个人在面对困难和挑战时能够坚持不懈，最终取得成功。

思考与分析

1. 创新就是标新立异吗？
2. 创新的目的是什么？什么情况下需要创新？
3. 有了一技之长，还需要学习吗？为什么？

活动与实践

“挑战杯——彩虹人生”全国职业学校创新创效创业大赛是以“树立职业精神，培养工匠精神创新意识、创生创效能力、造就创业人才”为宗旨，引导和激励学生创业的比赛。大赛分中职组竞赛和高职组竞赛，中职组竞赛包括创意设计类作品竞赛、创业计划类作品竞赛两类；高职组分为创意设计类作品竞赛、创业计划类作品竞赛、生产工艺革新与工作流程优化类作品竞赛、社会调研论文类作品竞赛四类。假如新一年的“挑战杯——彩虹人生”全国职业学校创新创效创业大赛即将开始，但距离提交参赛作品的截止日期只有20天了。想一想，你会是下面哪种情况呢？

情况A：看看就走，这个事跟我没关系。

情况B：详细看了看，有参加的想法，但当发现只有20天就截止时，觉得已经来不及了，遗憾走掉。之后没过多久就把这件事忘记了。

情况C：详细看了看，有参加的想法，但当发现只有20天就截止时，觉得已经来不及了，遗憾走掉。但自此以后，开始有目的地关注这方面的信息，并着手依托专业能力尝试解决一些身边的实际问题。

情况D：详细看了看，突然发现自己目前在做的一个项目已经初具雏形，和这个创新设计大赛的要求基本一致，心情大好，马上回去报名、提交作品。

专题六 匠心筑梦 技能报国

一个工匠只有将国家之梦和社会之梦作为自己的梦想，才能够将工匠精神内化为自己的信念，也才能够正确处理国家利益、社会利益和个人利益之间的关系。

学习目标

1. 引导学生了解和学习工匠精神，让他们明白工匠精神是一种追求卓越、精益求精的精神，是实现梦想的重要支撑。

2. 让学生了解一些具有匠心筑梦精神的成功人士的历程和故事，引导他们树立榜样学习，激发他们追求梦想的热情和动力。

学习情境一 工匠精神体现责任与使命

案例导入

洪家光，一位来自普通农村家庭的工匠，通过自身的努力与执着，在航空发动机技术领域取得了显著成就。他深知，作为一名工匠，不仅要有精湛的技术，更要有对国家和社会的责任感和使命感。

在工作中，洪家光始终坚守岗位，尽职尽责。他带领团队攻克了一个又一个技术难题，完成了众多工装工具的革新，为公司创造了巨大的经济效益。他的精湛技艺和出色表现，赢得了同事和领导的广泛赞誉。

更为重要的是，洪家光将个人的发展与国家的需求紧密结合。他明白，作为一名工匠，自己的职责不仅是做好本职工作，更是要为国家的发展和繁荣贡献力量。因此，他积极参与各类活动和社会实践，展现出“航发人”为“动力强军，科技报国”而奋斗的使命。他深知，只有通过自己的努力和付出，才能为国家的科技进步和产业发展做出更大的贡献。

洪家光的工匠精神不仅体现在他卓越的技艺和不懈的创新追求上，更显著地展现在他对责任和使命的深刻理解与坚定履行上。

此外，洪家光还注重传承和发扬工匠精神。他积极参与培训和指导年轻工匠，帮助他们掌握技术技能，培养他们的工匠精神和责任感。他深知，只有让更多的年轻人了解和继承工匠精神，才能推动整个行业的持续发展和进步。

知识链接

一、工匠精神的责任感

工匠精神就是培养从业人员的责任感和荣誉感，使他们不仅仅将职业作为一种谋生手段，更要作为一种事业追求，一种工作荣耀，一种人生使命，一种生命守望。

生活在这个世界上的每个人都对自己和他人负有责任，人生的责任不可推卸，必须勇于承担。肩负责任是有压力的，但也是充实自我、实现自我人生价值的一种途径。把工作当成自己的事业来做，并从工作中寻求自身的价值和满足，这也是责任于人、于己的双重价值所在。对工作和自己的行为百分之百负责的员工，他们更愿意花时间去研究各种机会和可能性，更值得他人信赖，也因此能获得他人更多的尊敬。与此同时，他们也获得了掌控自己命运的能力，这些将加倍补偿因承担百分之百责任而付出的额外努力、耐心和辛劳。

一个人，无论做何种工作，都必须树立强烈的责任感，履行自己应尽的责任和义务，这是一个人品格不可缺少的一部分。这种履行不是为了获得奖赏或者别的什么，而完全是发自内心的责任感使然。当接受一份工作时，也就意味着承担了一份责任。换句话说，工作的底线就是尽职尽责。在这个世界上，没有不用承担责任的工作，也没有不需要完成任务的岗位。事实上，对工作负责，就是对自己负责。

大国工匠年度人物——刘湘宾

刘湘宾是一位杰出的技术工匠和航天科技专家，他的一生充满了奋斗和成就。

刘湘宾在1980年参军入伍，成为一名军人，在部队期间，他深受军人父亲的影响，有了强烈的报国愿望。1983年退伍后，他加入了中国航天科技集团九院7107厂，开始了他的航天生涯。在此期间，他不仅参与了许多国家重点工程和防务装备项目的精密机械加工，还在惯性导航系统的关键部件——半球谐振陀螺仪的研发中发挥了重要作用。这种陀螺仪是航天和防务装备中的关键核心零部件，其精密加工技术曾长期受到国际封锁。

刘湘宾带领团队攻克了石英半球谐振子的加工难题，这种材料既硬又脆，且是薄壁半球壳形，加工难度极大。他通过不断的尝试和高精度数控机床的编程，解决了这一技术难题。他的产品精度达到了微米级，为国家的载人航天、探月工程等大型飞行试验任务做出了重大贡献。

刘湘宾曾获得多项荣誉，包括“全国技术能手”“中国质量工匠”“三秦工匠”“航天贡献奖”等，并享受国务院政府特殊津贴。2021年，他被授予“大国工匠年度人物”称号。他的工作生涯是对精益求精技术的传承，也是对强军报国梦想的不懈追求。

二、工匠精神的使命

无论在单位从事何种工作，一定要认认真真、一丝不苟地对待。只有先把自己的本职工作做好了，得到了提升，有了更大的职责范围，才有可能做想做的事或希望做的事。社会学家戴维斯曾说：“放弃了自己对社会的责任，就意味着放弃了自身在这个社会中更好的生存机会。”同样，如果一个员工放弃了对企业的责任，也就放弃了在企业中获得更好发展的机会。责任保证一切，的确如此。责任保证了信誉、保证了服务、保证了敬业、保证了创造……也正是这一切，保证了企业的竞争力，推动了企业的发展。天津金发新材料有限公司研发工程师李欣就很好地诠释了工作中的责任与使命。

实验室里的“新”工匠

40多岁的李欣来自山东，朴实、沉稳、少语。2012年，他进入天津金发新材料有限公司（简称“天津金发”），成为一名研发工程师。短短几年时间，李欣作为主要发明人，带领整个团队累计申请发明专利37项，获得授权发明专利17项。他们的研发创新工作推动了改性高分子材料产业的发展。

一颗不足米粒大的塑料粒子，经过填充、共混、增强等方法加工改性，可以提升阻燃性、强度、抗冲击性、韧性等各个方面的性能，应用于汽车、家电、通信、家居建材、航空航天等多个领域。根据不同的需要、通过反复的试验、找出最优的配比是李欣和他的团队一直在做的事情。

“做这行最重要的是责任心，我要开发出客户满意的产品。”李欣说。

2012年，天津金发在空港经济区的新厂房投入使用，拥有青岛科技大学高分子材料与工程专业硕士学位的李欣，抱着学以致用的期待，与公司共同成长，一起创业。多年来，他在平凡的岗位上不断创新，把科学技术转化成了现实生产力。

2013年，李欣接下了车用环保绿色聚丙烯开发中的重要课题——聚丙烯。李欣介绍：“通过降低有机物挥发研究，经过色谱分析就会发现，塑料在一定温度下会挥发出一些乙醛出来。开始试的时候，我们生产完料以后，放到大罐子里，这个罐子是除湿干燥机。塑料要放到这种罐子里加温、通热风，乙醛全部给排走，这是最简单最直接的方法。局限在哪儿呢？产量越来越大的时候，可能得有几十个烘料罐子进行烘烤，这从成本上来说是不可行的。”这种方法行不通，就试其他方法。想到生活中很多市民在家里装修后会用活性炭净化空气，李欣有了新的灵感：“吸附选用什么样的东西？从专业的角度最直接的是要选用一些多孔的吸附物质，比如石化行业常用的催化剂载体分子筛，再一个是硅藻土。说得很简单，其实硅藻土全中国可能有好多种，分子筛其实也有好多规格好多种，要先挑选出10种来，全部试一遍。”那段时间，李欣几乎每天都泡在实验室里，别人下班时，他的实验还没做完；别人上班时，他已经在实验室里继续工作了。试过十几种方法，经过几百次论证，聚丙烯低有机物挥发研究终于获得成功，大大降低了汽车内塑料配件中的各种有毒物质的产生。凭借这项技术，天津金发与国内多个汽车主机厂商成了战略合作伙伴。

然而，当改良后的塑料粒子被送到厂商的加工车间，注塑成塑料零件，再次进行有机物挥发测试时，结果又超标了。李欣刚刚离开实验室，就一家一家地跑企业、进厂房，在客户的车间里跟一线工人一起找问题，“包括他的生产，包括他的包装存储、运输物流，甚至中间一些非常细小的细节”。最终李欣把这些经验全都记录下来，整理罗列，形成实用操作手册，为下游企业提供了重要的技术指导。现在，天津金发每月生产 1 000 吨汽车专用材料，仍然供不应求，可以说已经成功开辟了广阔的市场空间。还有一次，应客户的需求，只有三天的期限，李欣带领研发团队，开启了 24 小时工作模式。连续奋战了两个日夜，终于找到了最优配比，在第三天一早将成品送到了客户手中。经过一番比对，天津金发用改性塑料做出的保险杠质量好、价格低，一举拿下了订单，在天津市场站稳了脚跟。

（资料来源：中国日报中文网。《用责任心诠释“工匠精神”》）

如今，数字化、自动化、智能化正越来越多地深入人们的生活，但在大家身边，仍有像李欣这样的人，历经无数次手工实验，在工作岗位上，日复一日，踏踏实实，把产品当成作品，把工作干成艺术，演绎着责任与使命。

思考与分析

1. 如何体现工匠精神的责任感？
2. 如何培养工匠精神的使命感？

学习情境二　工匠总是有着浓郁的家国情怀

案例导入

孟泰，河北省丰润县人，是新中国成立后第一代全国著名劳动模范。他从小失去父母，孤苦伶仃，解放前受尽了日本资本家的折磨。新中国成立后，孟泰暗下决心，要用自己的双手建设强大的祖国。他先后担任了炼铁厂配管组组长、技师、副厂长。他勇于吃苦，敢挑重担，在生产中哪里最困难、最危险，就冲向哪里。在三年自然灾害期间，为了保护600立方米的102高炉不因缺水而停产，孟泰借来平板车，自己挽起裤管，用瓢一瓢一瓢地向外舀水，一干就是几个小时，终于保住了高炉，立下了不朽的功劳。孟泰的爱国精神激励着一代又一代青年人。

这个故事展现了工匠精神中的家国情怀。孟泰不仅具有出色的工艺技能，还对祖国充满了热爱和责任感。他愿意为了保护国家的财产而不顾个人的安危，这种高尚的精神品质深深地体现了工匠精神中的责任与使命。

知识链接

一、工匠的家国情怀

工匠们往往具有深厚的家国情怀，这种情怀体现在他们对技艺的热爱、对质量的追求以及对传承的坚守上。

首先，工匠们对技艺的热爱源自对国家和民族的自豪感。他们深知自己所从事的行业和所掌握的技艺是国家文化的重要组成部分，因此，他们愿意投入大量的时间和精力去学习和掌握这些技艺，以期能够为国家的发展和繁荣做出贡献。

其次，工匠们对质量的追求也体现了他们的家国情怀。他们明白，只有制造出高品质的产品，才能够赢得市场的认可和信任，进而提升国家的整体形象和竞争力。因此，他们在制作过程中，始终保持着对细节的关注和对质量的把控，力求将每一件产品都做到极致。

最后，工匠们对传承的坚守更是他们家国情怀的集中体现。他们深知，技艺的传承不仅关乎个人的生存和发展，更关乎整个国家和民族的未来。因此，他们愿意将自己的技艺和经验毫无保留地传授给年轻一代，希望他们能够将这些技艺继续发扬光大，为国家的文化传承和发展做出贡献。

二、工匠家国情怀对国家发展的重要作用

工匠的家国情怀对国家发展具有不可忽视的重要作用。这种情怀不仅深刻影响着工匠个人的行为和态度，更在宏观层面上推动着国家的繁荣与进步。

首先，工匠的家国情怀是国家技术进步和创新的重要驱动力。工匠们对技艺的执着追求和对传统文化的尊重，使得他们不断在传承中创新，推动技术的进步和升级。这种创新精神是国家发展的重要基石，有助于提升国家的科技水平和竞争力，为国家的长远发展奠定坚实基础。

其次，工匠的家国情怀有助于培养全社会的责任感和使命感。工匠们以国家利益为重，将个人的技艺和才能服务于国家的发展，这种精神能够感染和影响更多的人，激发全社会的爱国热情和责任感。当每个人都能够以国家的繁荣为己任，积极为国家的发展贡献力量时，国家的发展将会更加稳健和有力。

此外，工匠的家国情怀还有助于提升国家文化的软实力。工匠们所传承和发扬的技艺和文化，是国家文化的重要组成部分。通过工匠们的努力，这些技艺和文化得以传承和发展，增强了国家文化的独特性和魅力。这种文化的传播和交流，有助于提升国家在国际舞台上的形象和影响力，增强国家的软实力。

用技能报国的铁路工人——苏健

近几年，随着高铁建设与运营不断发展成熟，如今的中国已成为高铁大国。经过在国内的从无到有、创新提高、成熟强大，中国高铁还走出国门，在亚洲、欧洲、非洲、美洲的一些国家开花结果。中国高铁因安全、快捷、舒适享誉国内外，成为中国崛起的象征，彰显了中国力量。

作为一张越来越火的国家名片，高铁的每一步发展都离不开技术人员的竭力付出。唐山轨道客车有限责任公司的苏健就是其中之一。在从事机车车辆管道工工作的 29 年中，先后主持操作创新 50 余项，自制高速动车组工装 40 余套，成功实现了高速动车组所有管路的国产化制作。

要实现列车的安全平稳，有九大关键技术，高速动车组制动技术就是其中之一。一

列车有 1 100 根管路，2 400 多米长，95％以上是三维立体弯管，平均每根管 6 个弯。这些管路和电线一样把控着动车组的安全运行。

在对制动管路进行国产化自制攻关的过程中，苏健遇到的最大难题是弯管角度的回弹变形，即使采用和进口管一样的数据编制程序，角度误差都在 2 度左右，而动车组要求精度是 0.5 度。解决问题的唯一办法是人工补偿，在这方面无任何经验数据可供参考。

为取得精确数据，苏健带领班组技术骨干采取了逐一试验的方法，先后对 3 个厂家的各 14 种原材料管和 22 种半径模具进行了 4 500 多次实验，最终采集了 1.2 万多个数据，编制了《CRH3 数控弯管角度回弹补偿数据库》。按此数据进行补偿后的管材角度误差被控制在 0.1 度，长度误差控制在 1 毫米，实现了精确补偿，填补了国际行业内的一项空白。

为了迅速实现动车组制造国产化，说苏健是为创新而疯狂一点都不为过，短短 5 年，他就申报了创新成果近 50 项。他主持完成的“CRH3-IC 车制动模块组装工艺优化”“司机室空调系统产能提升”等攻关课题，大大提高了工效，班组各工序工装覆盖率高达 90%，使班组整体工作效率得到提升。

为了突破预组装工序的生产瓶颈，苏健通过管路优化，成功将 10 根空调冷凝管合并弯制成 5 根管，减少焊口 16 个，实现了降低焊接难度、杜绝质量隐患的目标。通过改进保压抽真空工装，研制仿形焊接工装，使空调工序的生产周期由 15 天缩短到 5 天，完全满足了生产及产能提升的需求，工艺改造后实现每列车节约成本 6.5 万元，仅动车组一、二、三单生产就共为公司节约成本 2 834 万元。

2007 年，苏健作为组装工序首批培训人员，赴德国西门子公司学习。在那里，严谨刻苦的工匠精神深深地烙印在了他的心里。2012 年，苏健金蓝领工作室成立。他把在德国西门子的所学结合丰富的实践经验编制成了 11 册约 10 万字的可视化教材，将个人经验和绝技绝招毫无保留地传授给徒弟，实现了高铁技艺的有效传承。截至 2014 年，苏健工作室共培养技师 29 人、中国北车金蓝领 4 人，完成重点质量攻关项目 4 项，申报公司操作创新 263 项。

（资料来源：央视网。《苏健：央视网。为中国梦提速的高铁工匠》）

“我们高铁工人就是要学习创新，技能报国，为中国梦提速！”苏健一语道出了他作为第一代高铁人的心声和梦想。同样，有着“钢铁裁缝”之称的孔建伟用实际行动全面演绎了他的家国情怀。

胸怀报国梦的“钢铁裁缝”

电焊工，在行业内素有“钢铁裁缝”之称（见图16），焊花飞溅间精巧的鱼鳞纹焊缝在他们手下成形，其手艺直接影响着国家重大装备制造业的发展。

图16　电焊作业

（图片来源：学习强国。《发展好职业教育 把大国工匠一批批培养出来》）

孔建伟就是一名这样的“钢铁裁缝”。2016年12月8日，第十三届高技能人才表彰大会在北京举行，表彰了30名中华技能大奖获得者。作为从业34年的老焊工，孔建伟迎来了技能职业生涯的最高加冕，成为人们口中的“工人院士”。

孔建伟是中国东方电气集团东方锅炉股份有限公司的一名电焊工。在四川，他是焊接领域的传奇人物，是行业内备受尊敬的焊接大师。他是全国劳动模范、全国技术能手、机械工业技能大师，获国家技能人才培育突出贡献奖，享受国务院政府特殊津贴。他曾出手相救力挽狂澜，助他厂于水火之间，也曾在国外项目中带领团队攻坚克难，为企业挽回巨额损失。

然而，每谈及此，孔建伟都一如既往地谦逊，并率性直言：“我只是一名普通的电焊工，愿为祖国尽绵薄之力。”

人们说，他是一名胸怀报国梦的“钢铁裁缝”。

安全帽、帆布衣、劳保鞋……除特殊场合，这一身装扮是孔建伟多年来最钟爱的衣着款式。在东锅厂内、各类技能大赛现场、焊接领域研讨会现场，人们总能看到他那熟悉的身影。大家尊称孔建伟为“孔大师”，不仅仅因为他资历深厚、技术精湛，更因为他在技术上的无私奉献、传道授业。

20世纪80年代初，孔建伟被分配到东锅焊接实验室工作。记忆中，那些与他父辈年龄相当的焊接工艺人员，将各自的工艺毫无保留地传授给了他。几年下来，他不仅学到了一身本事，还从老一辈焊接人身上学到了“有技不独有”的奉献精神。

孔建伟的职业成长与进步源于恩师指引，也离不开其自身努力。那个时代，全国各大企业“技术比武、岗位练兵”的景象生机勃勃。逢赛必参加的孔建伟几乎放弃了所有的休假，坚持高强度训练，并且“恶补”理论知识。他在省、市和全国锅炉行业焊工比赛中多次取得名次，获得了各级技术能手称号。

一花独放不是春，百花齐放春满园。孔建伟善于钻研，乐于传道，更甘愿做人梯，他倾尽所能将自己所掌握的操作技能和焊接理论知识传授给年轻焊工，让身边的“苗子”快速成才。30多年来，孔建伟为公司和兄弟单位培训出的合格焊工有上千人。在全国各级焊工技能赛事中，由他培养指导的诸多技术尖子，均已成为企业的技术骨干力量，还有出许多技师、高级技师和模范人物，在基层一线持续为企业和国家机械工业的发展做贡献。

30余年来兢兢业业，孔建伟成了一名兼具知识型、技能型、创新型的焊接技术专家，他主持和参与编写了《锅炉压力容器焊工基本理论知识习题集》等培训教材，主编《锅炉（承压）设备焊工国家职业标准》，所撰写的一篇论文还曾获得中国机械工业企业管理协会、机械工业职业技能鉴定指导中心一等奖。

出色的工作业绩和良好的职业道德，为孔建伟赢得众多的荣誉：全国技术能手、四川省十大杰出技术能手、中央企业知识型先进职工、机械工业技能大师、第十届“国家技能人才培育突出贡献奖”等，他还享受国务院政府特殊津贴。

荣誉等身、功成名就，孔建伟本可享清闲，但他却如上了发条的时钟，科研课题、技术攻关、新产品开发、工艺改进等样样未曾松懈，一刻也停不下来。在创建国家级“孔建伟技能大师工作室”和“全国示范性劳模创新工作室”过程中，孔建伟和同伴们围绕公司新产品、新工艺、新材料，组织开展了多种形式的焊接质量攻关活动，并取得了明显的成效。

“一条焊缝，表面上用质量评价，呈现出的却是一名焊工的灵魂，任何时候我对技术的要求都是精益求精。”孔建伟说。做焊工30多年，他深知其过程中的艰辛，但为了祖国事业的蓬勃发展，他希望有更多的青年技术骨干在这一领域成长起来，自己也将毫无保留地做好传帮带。

（资料来源：《工人日报》。《身边的大国工匠："钢铁裁缝"的手上功夫》）

思考与分析

1. 如何体现工匠的家国情怀？
2. 工匠家国情怀对国家的发展有何重要作用？

学习情境三　内化于心，把梦想当作信仰

案例导入

中国首位诺贝尔生理学或医学奖得主屠呦呦是一位为了实现自己的梦想而不懈努力的科学家。她对于疟疾治疗的研究挽救了数以百万计人的生命。

屠呦呦出生于20世纪30年代，当时疟疾在中国和许多其他国家都是一个严重的公共卫生问题。她看到了人们因为疟疾而遭受的痛苦，决定将研究疟疾治疗作为自己终生的研究方向。在她的研究生涯中，屠呦呦经历了无数次的试验和失败，但她从未放弃。她坚定自己的梦想，并不断努力寻找有效的疟疾治疗方法。在经过大量的实验和研究后，她发现了青蒿素，这是一种能够有效地治疗疟疾的药物。屠呦呦的研究成果挽救了数以百万计的生命，她的努力和执着精神也得到了国际社会的认可。她的成功故事激励着人们相信自己的梦想，并为了实现这些梦想而不懈努力。

屠呦呦将梦想当作自己的信仰，不断追求自己的目标。她坚信自己的研究能够改变许多人的命运，这种执着精神和坚定信仰最终帮助她实现了自己的梦想。

一、工匠精神内化于心

工匠精神不能只是一个口号，它应存于每一个人身上，应内化于心、外化于行。内化于心是外化于行的基础，将工匠精神内化于心，必须具备忠诚的品质。所谓忠诚，就是尽心尽力，真实不欺。诚如荀子所说，内心忠诚炽盛，就会振发在外，遍布于四海之内。将工匠精神内化于心，就要做到忠诚，对国家忠诚，对职业忠诚，对自己的人格忠诚。

首先，要对国家忠诚。国家是生我养我、培养我成长成才的家园。没有国家，再有才能的人也只是水上的浮萍。人可能有体面的工作、富裕的生活、满意的地位，但很难有精神的富足、民族的自豪以及尊严。新中国成立时，一批像钱学森这样已经名扬世界的科学家，毅然放弃海外受人尊敬的职位、优越的研究条件和富足的物质生活，回归祖国，这就是出自他们内心对国家的忠诚。也正是这种忠诚，支撑着他们在一穷二白的土地上，白手起家，艰苦创业，最终为新中国的崛起和民族的复兴做出了卓越的贡献。当代的大国工匠们，同样出于对国家的忠诚，用自己的全部汗水和心血默默劳作，为国家强盛和民族复兴做出了自己的贡献。

其次，要对职业忠诚。作为谋生的手段，人们需要从事某种职业获得收入，任何职业都是在为自己、为他人、为社会创造价值，同时也体现着自己作为一个社会人应有的价值。从这个意义上说，优秀的职业人都是从职业的人生价值出发，将自己所从事的工作当作值得一生追求的事业，在事业获得成功的同时，实现自己的人生价值。对职业的忠诚，集中表现为对事业和工作的热爱，将自己所从事的职业看成是民族大业和国家大业的一部分，忠于职守，尽心尽责。

最后，要对自己的人格忠诚。人格是一个人的思想、情感及行为的统一体。正如马克思所说：“‘特殊的人格’的本质不是人的胡子、血液、抽象的肉体的本性，而是人的社会特质。”因此，如果想获得他人的尊重，首先必须让自己的人格符合社会特质，包括理想信念、道德品质、行为方式。忠诚于自己的人格，就是始终相信自己的选择符合国家和人民的利益，相信自己的追求能够为社会大众带来福祉。当处于这样一种状态的时候，就能够获得自信、获得动力、获得成功，获得自豪和荣耀。

杰出的工匠都是将忠诚内化于心，把梦想当作信仰，就像中国兵器首席技师卢仁峰一样，完美诠释了对国家、对职业、对自己人格的忠诚。

“独臂焊侠”卢仁峰

2015年9月3日，国产坦克装甲车辆组成的突击方队缓缓经过天安门接受检阅，其中99A型主战坦克，成为万众瞩目的“明星”。这些坦克拥有坚固的身躯，足以阻挡炮弹的攻击。而这样的钢筋铁骨，也是用一块一块的钢板焊接而成，而攻克这一技术难关的，就是中国兵器首席技师——“独臂焊侠”卢仁峰。

在中国兵器内蒙古第一机械集团的一个车间里，一台国产装甲战车的车体正在进行水池试验，检验焊接缝。负责战车车体焊接工作的卢仁峰，站在水池边，紧盯着车里的任何细微变化，看看有没有水滴渗入车中。

车底到侧板、车尾到车头，共400多条焊缝，一条都不能漏，两栖车涉及航海和涉水，关系到官兵的生命。战场上，装甲战车可能要遭遇冲过水域的挑战，车体焊接滴水不漏，是战斗力的关键所在，是取胜的根本保证。能在这样关键技术岗位上成为能手，是卢仁峰年轻时追求的梦想。

卢仁峰刚到焊接车间时，就给自己定下目标，除工作外，每天加焊50根焊条练基本功，经过三年日积月累的刻苦训练，他的焊接技术日臻成热、炉火纯青。有一次，工厂里一条水管爆裂，要抢修又不能停水，这让所有人都束手无策。卢仁峰赶到后，非常漂亮地焊好了水管，让在场的人都很惊讶，竖起拇指称赞。

带水焊接成为卢仁峰的招牌绝活，让他成为厂里有名的能人。然而，在一次作业他的左手被剪板机切掉，这对他打击沉重。失去一只手，卢仁峰还能像普通人一样干焊接吗？能！那段日子，卢仁峰一直泡在车间，苦练“基本功”，他利用特制手套、牙咬焊帽，一次次练习，慢慢适应。卢仁峰愣是靠这些办法，不仅恢复了焊接技术，甚至在技能大赛中夺得不错的名次。从此，他就有了“独臂焊侠”的大名。

21世纪初，我国正在研制新型主战坦克和装甲车辆，这些国之重器使用特种钢材作为装甲，非常坚硬。然而，这种材料的焊接难度极高，难住了同事们和卢仁峰。看到如此高难度的挑战，很多人都打起退堂鼓，但卢仁峰却往前冲。卢仁峰说，当时一共拿了133对试片去做工艺试验，前九十几次都不理想，毛病重重。最后经过百次攻关，卢仁峰终于找到窍门，攻克了难关，取得了成功。卢仁峰对技术和工作的态度，就是一种信仰。这些年来，他凭着这份信仰坚持了下来，最终取胜。

卢仁峰这一生经历的挫折、失败重重，但他却执着地在焊接这个岗位上坚守了三十多年，即使左手伤残，也改变不了他爱一行就干到底、追求完美的决心。这种执着，就像是一条焊缝一样，把他和国防工业牢牢连接在了一起，融入其中。

（资料来源：《大国工匠》。《“独臂焊侠”卢仁锋》）

二、把梦想当作信仰

将梦想当作信仰，这是一种非常积极和有力量的生活态度。梦想是心灵的指南针，它指引着我们前进的方向，并赋予我们克服困难和挑战的勇气。而信仰则是我们内心深处坚定的信念，它让我们在追求梦想的道路上始终保持信心和决心。

当我们将梦想当作信仰时，我们就能够更加专注地投入到实现梦想的过程中，不畏艰难、不惧挑战，在遇到挫折时更加坚韧不拔、坚信不疑。

同时，将梦想当作信仰也能够让我们更加珍惜生命中的每一刻。我们会更加清晰地认识到自己真正想要的是什么，从而更加珍惜那些能够让我们接近梦想的机会和时光。这种珍惜和感恩的心态会让我们更加充实和满足。

然而，我们也需要明确一点，信仰并不是盲目的相信。我们需要用理智和行动来支撑我们的信仰。我们需要制订具体的计划和目标，然后付诸实践，通过不断的努力和尝试来逐渐接近我们的梦想。

总之，将梦想当作信仰是一种非常积极和有力量的生活态度。它能够帮助我们在追求梦想的道路上保持信心和决心，同时也能够让我们更加珍惜生命中的每一刻。只要我们用理智和行动来支撑我们的信仰，就一定能够实现我们的梦想。

工匠引领

不敢省人工物力的同仁堂

走进北京同仁堂（见图17）任何一家药店，都可以看到一副对联：“炮制虽繁必不敢省人工，品味虽贵必不敢减物力。”对于这句话，在同仁堂工作了36年的国家一级技师于葆墀最有感触。

图17 北京同仁堂

炮制包括炒、炙、烫、煅、煨、蒸、

煮、淬、漂、浸、飞等不同的方法，起到减毒增效的作用。于葆墀说，炮制是个精致活，不是洗净切好晾干的简单重复劳动。

回想当年做学徒时，有一次，师傅问于葆墀：“桑皮丝怎么切？”他不加思考地说：“把桑皮洗完切好就行。”师傅接着问他：“洗完桑皮会不会有黏性？切的过程中会不会打滑？”听师傅这么一说，于葆墀一下子觉得连个桑皮都不会切了。师傅说，桑皮最好在冬天切，头天先洗了冻一宿，第二天再切，防止产生黏性，这样才能切得快，手下出活。

如今，于葆墀摸准炮制之理，把握中药材的蒸、炒、制、煅等的“火候”奥秘，解决了“制象皮”“制硇砂”“煨肉果”等类别的生产难题，并形成了生产工艺。

大象皮去腐生肌，是一种很好的中药。好几厘米厚的干透象皮，切起来可真不是简单的事，泡不开，切不动，从药材象皮变成饮片制象皮，难倒不少药工。

第一次接触象皮，真让于葆墀犯难了。他查了不少古籍文献，连1959年公司老药工编的炮制工艺书籍也找出来了。象皮去掉杂质，刷洗干净后，却怎么也泡不透。他尝试不同的水温，泡了再润，润了再晾，晾了再泡，不停地重复，慢慢磨工夫。最终他发现水温保持在30～40摄氏度最合适，泡好用手拧干再晾，晾干后再泡再润再拧，如此反复3～4天才能完成。他用诚心最终征服了坚硬的象皮。

“同修仁德，济世养生”是同仁堂的堂训，同仁堂生产的中成药以“处方独特、选料上乘、工艺精进、疗效显著”而享誉海内外。安宫牛黄丸有着213年的历史，主治高热昏迷、中风、脑出血等急重症，内含牛黄、牛角粉、麝香、珍珠、黄连等11味中药。

项英福是北京同仁堂科技公司沙河库副主任，专职负责全集团贵细药品鉴定验收。对他来说，被称为“神药”的安宫牛黄丸，其神奇在于疗效。确保疗效的关键是把好选料关，不让假货蒙混过关，这就得练绝活。他跟着师傅卢广荣练就了一双“火眼金睛”，通过眼看、鼻闻、口尝、手摸，就可鉴别药材的真伪和质量的好坏。他用心去体会不同药材的特性，聆听药材的无声语言。

对于麝香的辨别，他的办法是“一闻一摸”。一闻气味，刺鼻不刺眼，不用看了，直接退掉。有一次，药品供应商送来麝香，他用手一掂，感觉比以往的重，原来麝香里面用黑胶布裹着30克钢珠。人工检验合格后，才能进入更严格的高科技仪器检验环节。

时至今日，安宫牛黄丸依然沿袭手工制丸技艺，传承人是张冬梅，她手工搓丸一次

成形率可以达到100%。

安宫牛黄丸使用的是天然麝香，这让张冬梅最头疼。她介绍，麝香里一些细微的线毛要用手拿出来，不可能用机器替代，这活既烦琐，又枯燥。拿毛这道工序，本身没有质量标准要求，但拿多少、拿到什么程度，凭的是药师心里那杆秤。

张冬梅当年做学徒时和师傅一起拿毛。两人坐马扎上，每人一大瓷盆麝香，每个都过了得有六七遍。当她烦了不想弄时，师傅就坐在马扎上吭哧吭哧帮她干活。张冬梅过意不去："师傅，我接着来吧。"师傅说："这毛拿得干净不干净，没人知道。但如果一根毛没拿干净，给昏迷的病人灌服时，容易刺激气道，药就灌不下去，病人的命就救不活了，要凭良心去做救命药。"

图18　配药

（图片来源：百度）

34年来，张冬梅就干一件事，研配、合坨、制丸、内包、蘸蜡、打戳……这一道道工序下来，搓出的药丸圆、光、亮，滋润细腻，色泽一致（见图18）。每丸3克，分毫不差。

（资料来源：人民网。《同仁堂 不敢省人工物力》）

同仁堂创立至今300余年，一直以"炮制虽繁必不敢省人工，品味虽贵必不敢减物力"为立业之本，获得世人的尊敬。这也归功于同仁堂有着像于葆墀、项英福、张冬梅这样对事业忠诚、对患者忠诚、对自己忠诚的同仁堂人。

思考与分析

1. 如何做到工匠精神内化于心？
2. 作为学生，如何理解把梦想当作信仰？

学习情境四　外化于行，做真正的践行者

案例导入

中国著名的考古学家和人类学家裴文中是发掘和研究北京猿人的主要成员之一。他不仅在学术理论上有重大的成就，而且他通过不断的实践和研究，还为人类学和考古学的发展做出了杰出的贡献。裴文中在发掘和研究北京猿人的过程中，经常要面临极其艰苦的条件和极高的风险。他需要与各种自然环境、气候变化、野生动物等作斗争，同时还要面临社会压力。然而，他并没有被这些困难所吓倒，而是坚定地追求自己的梦想。他通过长期的实践和研究发现，北京猿人是中国境内最早的人类代表之一，对于研究人类的起源和演化具有极高的学术价值。他的研究成果不仅在国内产生了重大影响，同时也引起了国际学术界的关注和认可。

裴文中将梦想当作自己的信仰，他的执着精神和创新思维帮助他实现了自己的梦想，为人类学和考古学的研究开辟了新的领域和方向。

知识链接

一、工匠精神外化于行

外化于行，就是把工匠精神所蕴含的职业品质和职业行为落实在具体的岗位实践中，贯彻于工作的各个环节内，体现在产品的每处细节上。杰出的工匠之所以能够获得人们的尊敬和赞扬，不是因为他们“说得好听”，而是因为他们“干得漂亮”。杰出的工匠，一定是过硬技术与工匠精神相结合的典范。没有精湛的技艺，就不可能有优质的产品；没有辛勤的劳动，就不可能有事业的成就。高超的本领是践行工匠精神的前提和

基础。因此，钻研技术、勤学苦练、提高技能水平是成长为一名杰出工匠的第一步，杨金安对此深有体会。

“百炼成钢”杨金安

杨金安是中信重工机械股份有限公司的金牌首席员工、冶炼车间50T电炉班班长，多年来冶炼出上万炉钢。他勤奋好学，勇于创新，进行重大攻关课题研究8项，提出创新合理化建议20余条。工作中，他不但屡创佳绩、屡破纪录，还依托工作室，不断培养年轻人才，为企业注入活力。

中信重工出产的重型装备以“大”著称，一些零部件动辄数百吨。大块头的零部件用料多，能耗也多，冶炼车间的设备每运转1分钟就要耗电400度。而在钢铁冶炼过程中，要进行数次的碳含量和钢水温度的检测，多年的工作经验让杨金安练就了“火眼金睛”的绝活，能用肉眼准确判断钢水的温度，减少了冶炼中的能耗，一年就为企业节约上百万元的电费。

1984年高中毕业后，杨金安进入中信重工从事炉前冶炼，车间里打雷般的轰鸣，差点击碎了杨金安的炼钢梦。“那时，车间里烟尘弥漫，钢花常落到身上。”杨金安说。但很快，杨金安就下定了决心。“条件这么苦，自己更要努力学点真本事”。抱着这个想法，再大的困难也就不畏惧了。

虽然工作忙，但杨金安坚持记炼钢笔记。在工作时，他随身带着一个笔记本，记录下钢水冶炼时颜色的变化、炉中翻滚的钢花尺寸，回去后再分析总结。像这样的笔记本，老杨已经积攒了50多本。

“炼钢如打仗，单枪匹马势必敌不过千军万马，团队协作尤为重要。”杨金安经常和团队成员一起探讨生产过程中的难题，固化每一个特钢项目的冶炼方法，鼓励徒弟们成为“战无不胜的钢铁战士”。各种荣誉纷至沓来，杨金安并没有停下科技攻关的脚步，“特别是当以我名字命名的大工匠工作室成立后，我以更大的热情和毅力投入这红火的事业当中”。

杨金安是中信重工首批5名“大工匠”之一，带领着一个12人的“创客”团队。冶炼车间如同战场，炉内高温达1 600摄氏度，车间温度达50摄氏度，工人上班必须身着加厚的阻燃服。车间设备运转轰鸣声不断，工友们站在身旁也要扯着嗓子讲话，挥动双手比画。为了降低运营成本，炼钢都在晚上进行。如果遇到重大的订单，杨金安经常几个昼夜不眠不休，责任大，风险高，但他从没有停歇。多年来，杨金安和他的团队先后攻克了核电用钢、航天用钢等一个又一个难题，打造出了国内乃至世界上冶炼能力最大的炼钢系统，能够实现对所有钢种生产的全覆盖。

说到理想，杨金安说："我的理想是在我退休之前，要炼出来世界最好的钢，在世界炼钢行业有我们的金牌产品，有我们的一席之地。"

（资料来源：新华网。《"百炼成钢"杨金安：50 本笔记铸就大国工匠》）

杨金安的故事让人深受启发。今天，想要在平凡的岗位上开拓出自己的一片天地，就要做个勤学习、肯钻研、爱岗敬业、乐于奉献的行业"工匠"，切实践行大国工匠们的精神实质。

二、工匠精神的培养

身体力行，勇于探索，敢于实践，以成就自己的工匠梦和收获自己成功的喜悦和荣耀。为此，可以从以下几个方面做起：

（一）精技强能，不因文凭低而自卑

工作在一线 10 年以上的老工人，大多都没有太高的学历，但都有着丰富的工作经验和阅历，他们在机械焊接、加工和总装行业，可以说个个都是技术能手、行家里手。因此，在一线的老工人，完全没有因为文凭而自卑过。在实际工作中，只要好学、勤学，对工作一丝不苟、精益求精，同时善于琢磨、刻苦钻研、勤于总结，寻找到一套适合于自己的工作方法，练就过硬的本领，就能将自己的工作做得更好，使自己的产品更精致。

（二）树立质量意识，对工作一丝不苟

大国工匠中的几位高级技师，生产的都是飞机、火箭、高铁、轮船，这些都是对质量要求相当高的工作，他们的工作要求是零误差。人们平时工作中的"差不多""还凑

合”，对大国工匠的工作来说，是非常可怕的事情。因此，在质量管理中，对生产的产品质量也要有高要求，这就需要一线职工在各自的岗位上一丝不苟，想办法、动脑子，把产品质量切切实实地提高。

（三）对事业富于激情，并热爱自己的工作

无论工作强度多大，工作多么枯燥无味，都要对自己的工作充满激情。同时要爱自己的工作，把工作当作自己的事业来做，这样就会从中感觉到工作的乐趣，享受成功后的喜悦与荣耀。也只有这样，工作起来才会越来越有劲，而不会只把工作当成谋生的手段。因此，无论从事何种工作，都要把自己的本职工作做好，自我约束和对自己高要求，把自己培养成高技能人才。

（四）注重细节，立志“精细制造”

中国经济经过几十年的飞速发展，经济总量已有显著提高，跃居世界第二。但这种粗放式的发展，是以资源浪费和破坏环境为代价的。过去中国的制造业量大而不精，如今，制造业的转型升级是必然趋势。我国企业过去是以生产中小型产品为主的企业，我国的部分职工过去也只是在制造小型产品，如今升级为制造大型数控产品及生产线，这些都要求一线职工提高自身素养，学习先进技术，不断完善自己、提高自己，只有不断提高自己的技术水平，以适应新时代发展的需要，才会大有作为。

“工匠精神”的核心在于精益求精，对匠心和精品的坚持和追求，其利虽微，却长久造福于世。如果希望改变自己的现状，打造一个与众不同的自己，成为被需要、被尊重、众望所归的成功者，就应从当下的事情做起，让“一丝不苟、精益求精、一以贯之”的工匠精神在我们思想深处落地生根，弘扬“劳动光荣、技能宝贵、创造伟大”的时代精神，成为一个充满魅力的工匠。

思考与分析

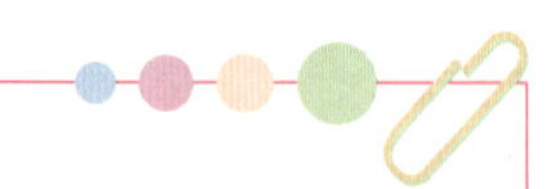

1. 谈谈你对工匠精神外化于行的理解？

2. 工匠精神应如何培养？

学习情境五　让工匠精神的血脉代代延续

案例导入

中国著名的陶瓷工艺大师王锡良是景德镇陶瓷大学的教授，他不仅在陶瓷制作技艺上有着卓越的成就，他还培养了无数优秀的陶瓷人才。

王锡良在景德镇有着极高的声誉和影响力，他的作品被收藏家们争相追捧。然而，他并没有满足于自己的成就，而是致力于传承和发扬工匠精神，希望将这种精神代代相传。

他担任景德镇陶瓷大学的教授后，一直在教学一线为培养新一代陶瓷人才而努力。他不仅教授学生制作技艺，还注重培养学生的审美观念和创作思维。他鼓励学生要勇于尝试和创新，追求更高的艺术境界。

王锡良的学生们在他的指导下，逐渐成长为新一代的陶瓷大师。他们继承了王锡良的工匠精神，不断探索和创新，将陶瓷艺术推向了新的高度。

知识链接

一、工匠精神的传承

著名作家萧伯纳有句名言：人生并不是短短的一支蜡烛，而是由我们暂时拿着的一支火炬，我们一定要把它燃烧得十分光明灿烂，然后把它交给后一代人。

早在两千多年前，中国人就表达了这种思想，并只用了短短四个字——薪火相传。成语“薪火相传”出自《庄子·养生主》。原文是：“指穷于为薪，火传也，不知其尽也。”薪柴总有烧完的时候，但火可以通过不断添柴来保持燃烧。只要有燃料，火就能传承给子子孙孙，无穷无尽。这个生动的生活现象常被古人用来比喻精神传承的超时空性。通过各种途径来追求永垂不朽，是人类共同的抱负。

不同于现代工业，手工业的生产过程主要是依靠手工业劳动者个人运用工具的技能，操作的熟练度、速度和准确度。手工业者常被称为“手艺人”，这也说明了手工业传统生产方法和技艺主要体现在手工操作上。捏制陶瓷碗坯的手艺人，双手捧起陶泥，借助于一个简单的转盘，转瞬之间，一个碗坯成功了，无论做多少个，大小厚薄都所差无几。这一双手，既是工具，又是量具。铁匠很讲究钢口好。钢口好，主要是淬火好，人们常说的“看准火候，趁热打铁”，就是凭眼力看火候，掌握时机，做好锻打和淬火工作。这一双眼睛，有测量作用。掌握这种恰到好处的手中之艺和眼中之艺，很不容易，也是传统生产方法和技艺的重要特点。铁艺工人形容自己的活是“三分红炉、七分冷作”，意思是说，铁制品的质量，要靠具有丰富技艺经验的眼睛辨火色，再用自己一双灵巧的手敲打出来，传统的响铜器有“千锤打锣，一锤定音”的说法，这“定音”的特技，就是一代又一代艺人继承和发扬前辈技艺的结果。诸如此类的优良技艺，一般都是祖辈世代相继，师徒薪火相传而得以延续的。

传统手工艺历史悠久，蕴含独特的文化艺术，是民族文明史的一部分，更是先祖们勤劳智慧的体现。那些精巧、美丽、令人叹为观止的极致工艺品，更是一代又一代手艺人薪火相传、不断改进和完善的结果。然而，如果认为只有这种高深的技艺重要，需要传承，那就大错特错了。因为这种传承绝不仅仅只是技艺，更重要的是技艺背后所蕴含的深刻的文化信仰和融合在血液中的工匠精神。

制作东阿阿胶的工匠精神

作为中国传统生产工艺的典型代表，东阿阿胶具有 3 000 年历史，其传统制作技艺的流程十分复杂，包括化皮、熬汁、晾胶等 50 多道工序，其中的关键技术全部需由手工完成。要学会这一套工序，起码需要六七年的时间。由于传统技艺中的一些制备要点难以用文字表述清楚，故此，传承在很大程度上还是靠师傅的言传身教，而且学徒必须有良好的悟性、长期的实践，以及浸透在骨子里的对阿胶工艺的热爱和敬畏。

这种热爱和敬畏就是一种精神。正是这种融在血液中的精神，才使一代又一代的传承人倾尽一切来保护和发展这样的工艺技术。对此，这项非物质文化遗产的传承人秦玉峰，感受尤其深刻。

为了保护和传承阿胶制作技艺，在这一行工作了近40年的秦玉峰采取了一系列积极有效的措施，如恢复中断百余年的传统名贵阿胶品种“九朝贡胶”的生产；组织搜集、整理了3 200多个阿胶民间验方，举办了阿胶制作技艺巡回展；与中医药类院校广泛合作进行阿胶等中医药的保护与开发等。

“这项工艺是老祖宗传下来的，是我们祖辈一代又一代精心发展起来的，我作为传承人，有责任和义务把这项工艺传承下去，不管倾尽多少心力，不管费尽多少心血。”秦玉峰说，“非物质文化遗产是活态传承，关键要靠传承人的积极性和责任感。身为传承人，我觉得不仅要传授技艺，更要传承一种信念和文化，一种热爱和敬畏，把这种精神传递下去，这才是激发传统工艺薪火相传的内在动力。”

非物质文化遗产的传承人是非物质文化遗产的重要承载者和传递者，也是让手中技艺传下去的责任人，秦玉峰也一直在寻找自己的接班人。他带了几个年轻的徒弟，在传递技艺的过程中，他更注重一种传统精神的传递，把制造阿胶的那种精细、专注、追求极致的精神传到下一代手中。

（资料来源：期刊《企业管理》。《东阿阿胶制作技艺代表性传承人秦玉峰》）

二、工匠精神的发扬

随着现代科技的飞速发展，许多传统手工艺面临消失和淘汰的危机。但是，不管手工艺消失多少，手艺人的那种尊重自然、敬畏手工艺、自信宁静的心态和专注坚持的精神，会永远传承下去。

理念是行动的先导，传承工匠精神是践行发展新理念的内在要求。创新、协调、绿色、开放、共享五大发展理念，指明了“十三五”乃至更长时期内我国的发展思路、方向和着力点，是我国经济社会发展必须长期坚持的重要遵循。践行新发展理念，使其落地生根，变成普遍实践，就要通过大力培育工匠精神来实现。

培育一种精神，让它落到实处，成为普遍的追求，需要从根本的制度和文化入手。培育工匠精神，最重要的一点是营造良好的市场环境，包括毫不动摇地坚持、高度尊重劳动的市场经济体制，建立健全对各类所有制经济一视同仁的人才激励机制。

发扬工匠精神，必须有与之相适应的良好社会文化氛围，应做好“四个崇尚”。首先是崇尚劳动，尊重生产一线劳动者的劳动，现阶段工匠精神缺失，同存在轻视甚至鄙视生产一线劳动者的现象有密切关系；其次是崇尚技能，关键是要让技能人才有地位、有较高的收入、有发展的通道；再次是崇尚创造，真正的工匠精神，应该是富有强烈的创新和创造精神的；最后是崇尚“十年磨一剑”的理念，高品质的产品和高水准的服务，是要靠时间来精心打磨的。反观我国现有的制度与安排、评价体系，有不少都是引导人们急功近利，追求“短平快”，催促人们早出成果、多出成果，重数量、轻质量。

培育工匠精神，要有针对性。首先，要根据职业技能、职业素养、职业理念不同层次的要求，通过加大职业培训力度，开展现代学徒制试点，深化“金蓝领工程”等工作抓手，夯实产生工匠精神的人力基础。其次，要通过制度顶层设计，转变“重装备、轻技工，重学历、轻能力，重理论、轻操作”的观念，形成培育工匠精神的保障机制。最后，工匠精神是一种深层次的文化形态，需要在长期的价值激励中逐渐形成，通过文化再造、源头培育、社会滋养，发展先进企业文化和职工文化，使工匠精神成为引领社会风尚的风向标。

思考与分析

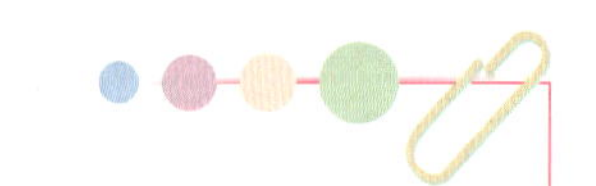

1. 作为学生，应如何践行工匠精神？

2. 阅读下列工匠类型，说说你想成为的工匠类型。

技术技能型人才：技术技能型人才是指在企业生产加工一线中，从事技术操作，具有较高技能水平，能够解决操作性难题的人员，主要分布在传统的加工、制造、服务等职业领域，如高级钳工、高级焊工等。技术技能型人才是深怀绝技的一线操作能手，能够进行高难度的生产加工，包括生产精度较高的产品，操作和控制精密复杂的设备，安装、调试、维修精密复杂的仪器等，能够根据生产第一线的实际需要，有效带动和组织协调其他员工一起进行技术攻关，把精密的设计图纸变成一个个实实在在的高质量产品。

知识技能型人才：既具备较高的专业理论知识水平，又具备较高的操作技能水平，能够创造性地开展工作。知识技能型人才随着新知识新方法的出现而产生，主要分布在高新技术产业和新兴职业领域，如通信、信息、金融等。他们具有高超的动手能力，这种动手能力不再是传统的“工艺”或“绝活”，而是利用心智技能的创造性活动，是现代技术和经验技术的整合，动手和动脑能力的整合。

复合技能型人才：复合技能型人才是指掌握一种及以上的技能，能够跨岗位、跨专业、跨行业进行复杂劳动，解决生产操作难题的人员，如数控加工技师、机电一体化人才、综合服务一体化人才以及新兴的创意和操作一体化人才等。他们面对高难度的技术工艺问题，能够同时调用自己的多种技能，其操作技术内容变化多、跨度广。《中国制造2025》中指出："推进制造过程智能化，在重点领域试点建设智能工厂数字化车间，加快人机智能交互、工业机器人、智能物流管理、增材制造等技术和装备在生产过程中的应用。"这实际就对复合技能型人才提出了要求。

活动与实践

了解、认识、学习工匠精神，通过沉浸式参与其中，进而将工匠精神内化于心，外化于行，激励学生苦练技能本领。同时，深化"产教融合"创新发展，推进科教融汇，构建高质量发展新生态。请学生展开说明对"匠心筑梦 技能报国"的理解并进行讨论。

参考文献

［1］邱杨，丘濂，艾江涛．匠人匠心：用一生，做好一件事［M］．北京：中信出版社，2016.

［2］宋犀堃．工匠精神：企业制胜的真谛［M］．北京：新华出版社，2016.

［3］中央电视台．大国工匠［OL］．央视网，2017.4.6.

［4］付守永．工匠精神：成为一流匠人的 12 条工作哲学［M］．北京：机械工业出版社，2016.

［5］宦平．工匠精神读本［M］．北京：中国劳动社会保障出版社，2016.

［6］王寿斌，谭绍华，王化中．大匠之门：工匠精神中职学生学习指导［M］．北京：九州出版社，2016.